21世纪全国高等院校艺术素质教育 21 SHIJI QUANGUO GAODENG Y... [规划教材] GUI... JIACCAI

美容与化妆

主　编　王　嫦

副主编　杨国志　孙小婷　黄兰婷

参　编　蒲　实　屈培泉　雷晓漫　余　烨
　　　　　冉临春　杨　寒　何　琼

西南交通大学出版社

·成　都·

图书在版编目（ＣＩＰ）数据

美容与化妆 / 王嫦主编. —成都：西南交通大学
出版社，2013.4（2017.9 重印）
21 世纪全国高等院校艺术素质教育规划教材
ISBN 978-7-5643-2272-4

Ⅰ. ①美… Ⅱ. ①王… Ⅲ. ①美容 – 高等学校 – 教材
②化妆 – 高等学校 – 教材 Ⅳ. ①TS974.1

中国版本图书馆 CIP 数据核字（2013）第 069508 号

21 世纪全国高等院校艺术素质教育规划教材

美容与化妆

主编　王　嫦

责 任 编 辑	吴　迪
特 邀 编 辑	邱一平
封 面 设 计	墨创文化
	西南交通大学出版社
出 版 发 行	（四川省成都市二环路北一段 111 号
	西南交通大学创新大厦 21 楼）
发行部电话	028-87600564　028-87600533
邮 政 编 码	610031
网　　　址	http://www.xnjdcbs.com
印　　　刷	四川玖艺呈现印刷有限公司
成 品 尺 寸	210 mm×285 mm
印　　　张	5
字　　　数	99 千字
版　　　次	2013 年 4 月第 1 版
印　　　次	2017 年 9 月第 4 次
书　　　号	ISBN 978-7-5643-2272-4
定　　　价	32.00 元

王 嫦

　　四川达州职业技术学院教师，2004年开始从事美容化妆课程教学工作，并潜心研究美容化妆知识，多次参加美容化妆专业培训。

　　担任学院公选课"美容与化妆"、"服装设计"课程主讲教师，结合课程多次担任达州市美容化妆彩绘秀活动的策划、服装设计、化妆造型指导工作。

　　同时从事绘画创作、插画设计、服装色彩、构成、中外美术史、美学与美育等多方面的科研教学工作。

前言

　　随着社会经济的发展，人们物质生活水平大幅度提高，审美能力也日趋提高。特别是媒体的迅猛发展，人们每天都接受着造型与色彩的熏陶，受着美的熏染，审美水平也在潜移默化中提高，尤其是从工业化时期进入后工业化时期，人们更多地追求视觉效果，而且现代女性在社会中越来越活跃，美影响着她们在社会中担任的不同角色，所以美容也成了女性关注的焦点。

　　人们审美品位的不断提高，对自身整体形象设计也有了要求。形象设计是一个很大的范围，包括多层面的内容和技艺，一般的美容美发技艺是不能够完全诠释的，我们希望学生除了学习美容美发知识和技能，还需要进一步了解整体造型的概念。本书介绍的关于皮肤的保养、化妆品的选择、面部的矫正化妆、发型设计、服装服饰的搭配原则和技巧，对掌握整体造型有一定的帮助，希望《美容与化妆》一书的出版能有助于学生掌握化妆美容造型的技艺。

　　本书由达州职业技术学院艺术系开设"化妆与美容"课的王嫦、孙小婷、黄兰婷3位老师编写，杨国志老师摄影，以及专业化妆师蒲实、学生模特罗雅兰、温建文、欧丽丹、李菊、严凤均等共同努力完成，此外，还要特别感谢"和详"婚纱影楼唐朝详先生及"花的嫁纱"婚纱影楼的大力支持。

王　嫦

2010年1月20日

目录

第一章 绪 论

美容业的历史源远流长，据记载可追溯到公元前几世纪的古埃及、希腊和中国。作为一个文明古国，我国古代医学对美容方法的研究和使用历史悠长，据有关文献记载，中国人远古时代就开始涂脂抹粉。春秋时"周郑之女，粉白墨黑"，就是用白粉敷面，黑颜色画眉。此后经汉至唐，人们尤爱打扮与美容。杨贵妃之所以能"回眸一笑百媚生，六宫粉黛无颜色"，主要还是借助和得力于"太真红玉膏"，它是历代帝妃常用的有名的美容化妆品之一。明代李时珍在《本草纲目》中记载珍珠粉涂面，令人润泽好颜色。除此之外，还归纳了抗皮肤衰老、护肤美容等中药共168味。随着科技的发展，我国的美容事业已经取得了长足进步，美容的范围越来越广泛，美容的方法也在不断完善。目前我国美容采取的措施，就是以人体形象美为理论指导，再通过药物、器械、手术等手段来维护、修复和塑造人体形态美，具体包括生活美容和医疗美容两大部分。生活美容是通过细致的皮肤护理和各式化妆及面部穴位按摩等，使人变得更年轻，更精神；医疗美容则通过整形、矫形、隆鼻、隆胸、皮肤提紧等多项手术，使人们从头到脚的每一部分达到美容效果。由于中华民族有着特殊的历史文化背景，比之西方先进国家，又有其不同特点，如气功、中医药、针灸美容法等。可见美容是一个多学科、多功能的庞大领域。

目前，全国美容美发注册企业和机构已超过70万家，从业人员50多万人，美容消费者2亿多人。据了解，现时上海、广州的各式美容院均达上千家，可谓五步一店、十步一院了。美容院项目已发展至数十个系列。人们参与美容不仅仅是过去跟随潮流的烫发、纹眉等，而是更注重追求个性化的审美效果，将护肤养颜放在首位，体现了美容消费的进一步成熟。

我国近代的化妆品工业始于1830年，其中以谢宏业创办的扬州谢馥春日用化工厂最具代表性，后来还有1862年的杭州孔凤春化妆品作坊、1896年的香港广生，而上海牙膏厂的前身——中国化学工业则建于1911年。中华人民共和国成立后，全国一些主要的城市相继建立了化妆品厂，至1956年已经有288家。20世纪70年代末期我国实行改革开放政策以来，化妆品工业得到了迅速的发展，年增长率约15%，2005年全国注册的化妆品企业超过了4 500家，产值已超过600亿元人民币，化妆品工业的发展速度已高于国民经济GDP的增长速度，化妆品工业已经成为国民经济的重要组成部分，化妆品也已经成为人民生活的必需品。进入21世纪以来，随着精细化工、生命科学、分子生物学、高新技术的迅速发展，化妆品的科技内涵也随之提升。然而，我国目前虽然化妆品企业众多，但绝大多数都是家庭作坊式的小企业，产品的科技含量很低，产品的研发能力极低，面对着一些国外知名企业及中外合资企业产品的冲击，很多国内小企业的日子已经越来越难过了，我国化妆品企业的格局面临新一轮的变革。企业的强强联合、依赖高新技术提高产品自主研发的能力、规范生产和销售企业的行为等已经成为了今后我国化妆品工业发展的趋势。

通过对我国美容市场情况及有关资料的综合分析，可以得出这样的结论:美容行业正处于方兴未艾时期，以后仍将呈现稳中趋升的消费势头。而其特点和趋向为：

第一，天然化妆护肤品受青睐，遵循"回归大自然"的准则，更多地提炼植物和珍奇药物，不加色素的化妆品受到越来越多消费者的欢迎。因而工商企业以市场消费需求为导向，使化妆护肤品原料从化学性向天然性发展。市场逐渐被有天然成分的、具有营养、护肤、药效、延缓衰老等多功能和保健型的美容护肤佳品所占领。

第二，优胜劣汰，名牌产品脱颖而出，名优服务受欢迎。真善美品种岿然占领市场。国内现有的数十家美容美发名师名店名品，将继续受到消费者的赞誉和信赖。

第三，消费领域将出现四个"转向"：① 美容从女性专有专用独领风骚，继续向男士扩展，将有平分秋色之势；② 美容以青年人为主，将继续向中、老年消费领域扩展；③ 美容从城镇消费为主向广大农村扩展；④ 消费需求从盲目追求趋向理性化、目的化。

从美容业的历史、现状及发展趋势中，可以看出：经济的繁荣促进了美容业的发展，为更多的人提供了就业机会，同时也把人们引入了追求高质量生活的理想境界；帮助人们从"想美不敢美，爱美不会美"的传统观念中解脱出来，以全新的精神状态投入工作和生活。在这种意义上也体现了一个国家的文化水准和社会风尚以及文明进步的程度。

第二章　皮肤护理

皮肤是人体的总"包装"，总保护层，也是人体最大的器官，约占体重的15%，成人的体表面积为12～20平方英尺。皮肤的化学组成包括70%的水，25%的蛋白质及2%的脂质，还有微量元素、核酸、葡糖胺聚糖、蛋白聚糖和大量其他化学物质。皮肤具有弹性，能抵抗细菌的入侵，在正常情况下可以自行重生，皮肤对压力、触摸、温度、痛痒四种基本知觉有所反应，能够调节体温、排泄汗液、分泌油脂，还有一定的吸收功能，并具有免疫反应。因此，皮肤不仅是人体的保护器官，也是人体健康美丽的重要组成部分。

一、皮肤的结构（见图2.1）

（一）表皮层

表皮层是皮上组织，它与外界接触最多，又是与化妆品关系最密切的部位，表皮虽 然差不多只有普通纸那么薄，最厚处也不过0.2毫米，但

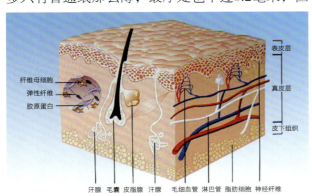

图2.1　皮肤结构图

它们都是由下面的基底层发育而成，基底层由基底细胞和黑色素细胞组成，黑色素细胞产生黑色素，基底细胞不断地进行分裂，产生新细胞。皮肤的颜色因人而异，在同一个人身体的不同部位颜色也各不相同。皮肤的颜色取决于皮肤所含黑色素的多少和血流的快慢，被太阳晒黑后的皮肤内含黑色素较多，皮肤逐渐变黑；运动后因毛细血管扩张，血流加快，皮肤会发红。

表皮是皮肤最外面的一层，平均厚度为0.2毫米，根据细胞的不同发展阶段和形态特点，由外向内可分为5层。

1. 角质层

角质层由数层角化细胞组成，含有角蛋白。它能抵抗摩擦，防止体液外渗和化学物质内侵。角蛋白吸水力较强，一般含水量不低于10%，以维持皮肤的柔润，如低于此值，皮肤则干燥，出现鳞屑或皲裂。由于部位不同，其厚度差异甚大，如眼睑、包皮、额部、腹部、肘窝等部位较薄，掌、跖部位最厚。

角质层的细胞无细胞核，若有核残存，称为角化不全。

2. 透明层

透明层由2～3层核已消失的扁平透明细胞组成，含有角母蛋白。能防止水分、电解质和化学物质的透过，故又称屏障带。此层于掌、跖部位

最明显。

3. 颗粒层

颗粒层由2～4层扁平梭形细胞组成，含有大量嗜碱性透明角质颗粒。颗粒层扁平梭形细胞层数增多时，称为粒层肥厚，并常伴有角化过度；颗粒层消失，常伴有角化不全。

4. 棘细胞层

棘细胞层由4～8层多角形的棘细胞组成，由下向上渐趋扁平，细胞间借桥粒互相连接，形成所谓细胞间桥。

5. 基底层

基底层由一层排列呈栅状的圆柱细胞组成。此层细胞不断分裂（经常有3%～5%的细胞进行分裂），逐渐向上推移、角化、变形，形成表皮其他各层，最后角化脱落。基底细胞分裂后至脱落的时间，一般认为是28日，称为更替时间，其中自基底细胞分裂后到颗粒层最上层为14日，形成角质层到最后脱落为14日。基底细胞间夹杂一种来源于神经嵴的黑色素细胞（又称树枝状细胞），占整个基底细胞的4%～10%，能产生黑色素（色素颗粒），决定着皮肤颜色的深浅。朗格罕氏细胞实质上是表皮层免疫系统的前哨，抵抗异物入侵。

表皮层的状态决定了您的皮肤看上去是否"新鲜"，吸水及保湿能力如何。不过，皱纹的形成却是在更底的一层，即真皮层。

（二）真皮层

真皮层是皮肤的中间层，位于表皮与皮下组织之间，是皮肤最厚的一层，由密而坚的胶原及弹性蛋白纤维网组成。胶原与弹性蛋白均为皮肤中极其重要的蛋白质：胶原构成皮肤的结构支架，弹性蛋白决定皮肤的弹性。真皮层中最重要的细胞是成纤维细胞，用以合成胶原、弹性蛋白及其他结构分子。成纤维细胞功能正常对于整个皮肤的健康至关重要。

1. 胶原纤维

胶原纤维为真皮的主要成分，约占95%，集合组成束状。在乳头层纤维束较细，排列紧密，走行方向不一，亦不互相交织。在网状层纤维束较粗，排列较疏松，交织成网状，与皮肤表面平行者较多。由于纤维束呈螺旋状，故有一定伸缩性。

2. 弹力纤维

弹力纤维在网状层下部较多，多盘绕在胶原纤维束下及皮肤附属器官周围。除赋予皮肤弹性外，也构成皮肤及其附属器的支架。

3. 网状纤维

网状纤维被认为是未成熟的胶原纤维，它环绕于皮肤附属器及血管周围。

4. 基　质

基质是一种无定形的、均匀的胶样物质，充塞于纤维束间及细胞间，为皮肤各种成分提供物质支持，并为物质代谢提供场所。

5. 成纤维细胞

成纤维细胞能产生胶原纤维、弹力纤维和基质。

6. 组织细胞

组织细胞是网状内皮系统的一个组成部分，具有吞噬微生物、代谢产物、色素颗粒和异物的能力，起着有效的清除作用。

7. 肥大细胞

肥大细胞存在于真皮和皮下组织中，以真皮乳头层为最多。其胞浆内的颗粒，能贮存和释放组织胺及肝素等。

真皮层中还有毛细血管（微小的血管）和淋巴管（免疫细胞的贮存处），前者主要为皮肤供给氧气及营养成分，而后者则保护皮肤不受微生物的侵袭。

另外，真皮层还有皮脂腺、汗腺、毛囊及相对少量的神经细胞和肌细胞。皮脂腺位于毛囊周围，它分泌的皮脂对于皮肤健康十分重要。皮脂是一种油性的保护性物质，使皮肤和毛发润滑并防水。若皮脂腺分泌皮脂不足，皮肤就会过于干燥并易生成皱纹（通常见于老年人）。相反，皮脂分泌过多或成分异常（一般多见于青年人），常会引起痤疮（青春痘）。

真皮是决定皮肤结构完整性、弹性及顺应性的一层，皱纹的产生与加深即在这一层中，因此，抗皱治疗只有深入到真皮层才可能有效。比如说，通常的胶原和弹性蛋白护肤品无法在真皮层中起作用，因为胶原和弹性蛋白分子过大，不能进入真皮层。因此，事实往往与这类护肤品制造商们所说的恰好相反，他们的产品对于抗皱收效甚微。

（三）皮下组织

皮下组织是皮肤的最内层，位于真皮层之下，主要由脂肪构成，其中最重要的细胞为脂肪细胞。皮下脂肪起绝热和缓冲的作用，避免下层组织受到寒冷和机械的损伤。与毛囊相连的汗腺和微小的肌肉就源于皮下组织。

随着年龄的增长，皮下组织逐渐减少，就会导致面肌松弛和皱纹加深。为了防止这种情况出现，皮肤专家通常的应对措施就是在面部皱纹下注射脂肪（脂肪收集自身体其他部位）。

二、皮肤的类型

人的皮肤各有不同，它的差异如同指纹，是人的形象的重要组成部分。从肌理的特征来看，皮肤大致可以分为五种类型：

1. 中性皮肤

中性皮肤是标准肤型，是理想的皮肤状态。这种皮肤表面柔软、稳定，皮肤组织光滑细嫩，没有粗大的毛孔或太油腻的部位，弹性好，脸色红润健康，不会出现脉管。外观感觉光滑、新鲜、清洁、不厚不薄，表面偶见斑点，比较白净，是一种能很快调整变化的皮肤。

2. 干性皮肤

干性皮肤的皮脂分泌率降低，皮肤紧绷，呈透明状。由于干燥而不含油脂，如同纸张再现褶皱，一些弯曲部位与重复活动部位特别容易出现皱纹。有些部位比较敏感，毛细血管明显，缺少滋润时会出现皮肤脱屑现象。皮肤表面粗糙，眼部和颈部会出现松弛。

3. 油性皮肤

油性皮肤皮脂分泌过多，皮脂腺管与毛囊增厚变成黑头，毛孔粗大，皮肤呈油光滑亮的状态，有斑点。皮肤比较粗糙，厚而呈现不平衡组织。由于毛孔容易张开，一受到外来刺激，就会长出面疮，变成紫红脸，这种是最容易被感染皮疹、最容易被污染的皮肤。但是，这种皮肤的好处是皱纹不太明显，使人显得年轻。

4. 混合性皮肤

混合性皮肤是干性皮肤与油性皮肤的混合型皮肤，又称为"脂漏性皮肤"。特点是：面部的"T"字形部位，包括前额、鼻部、颏部、颊部区域呈油性，而其他部位却很干燥。混合性皮肤主要是新陈代谢不均衡。

5. 过敏性皮肤

过敏性皮肤又称为"敏感性"皮肤，主要是指当皮肤受到各种刺激如不良反应的化妆品、化学制剂、花粉、某些食品、污染的空气，等等，导致皮肤出现红肿、发痒、脱皮及过敏性皮炎等异常现象。敏感性肌肤可以说是一种不安定的肌肤，是一种随时处在高度警戒中的皮肤。其护理要特别留意。最有效的措施是寻找出过敏诱发因子，避免再接触这种物质。

但是，皮肤的肌理并不是固定不变的，它随着年龄的变化而产生变化。

三、皮肤肌理的改造

皮肤的肌理是天生的，但皮肤是人体的第一道防御线，最容易受到攻击，也最容易自然磨损。所以，皮肤肌理的形成，首先是遗传与生理等内在因素，其次也有风吹日晒、环境污染等外在因素。对皮肤肌理的改造，也要"对症下药"。进行综合性"治理"。

（一）减少皮肤的皱纹

皱纹并非代表衰老或不美，也不是都可以通过整容或化妆来消除的。皱纹有许多种，大致分为先天性和后天性两类：

先天性皱纹是胎儿时形成，出生之日起伴随一生的，最具代表性的有指纹和掌纹，双眼皮也是其中的一种。这些皱纹根本不需要去消除。

后天性皱纹的生成情况多种多样：

1. 运动纹

脸部皮肤是脸部肌肉的支撑，脸部表现，肌肉不断收缩运动，产生褶皱，久而久之，这些褶皱沟纹的张力逐渐衰退，形成固定的皱纹。运动纹多存在于活动关节或与肌肉相应，如肘纹、腋纹、眉纹等。这类皱纹很难通过整容或美容消除。

2. 生理纹

人体生理变化或生理活动产生的皱纹，如女性的乳房纹、生育纹，或因风吹日晒等环境导致生理变化产生的皱纹等。这种皱纹只要悉心保护皮肤，是可以减轻的。

3. 老化纹

人体皮肤由于衰老老化变质，张力弹性退化，皮下组织和真皮层萎缩，皮层变薄，角化层相对增加，出现皱纹。老化纹被及全身，是很难靠整容和美容消除的。

4. 年龄纹

随着年龄的增长，皮肤张力弹性逐渐降低，产生皱纹。这种皱纹可以通过护肤来延迟它的出现。

消除皱纹，就是通过神奇的化妆术，将皱纹拉平，或将皱纹掩盖。但这只是暂时的办法。俗话说："防患于未然。"最好的办法是预防皱纹的出现。

保持心情舒畅，可以使面部皮肤变得滋润；经常在烦恼中生活，会给面部皮肤留下痕迹。所以要防止皱纹过早出现，最好的是精神疗法。乐观开朗是抗皱的良方，幸福感是润肤的灵丹妙药。此外，还要辅之以一些抗皱的具体方法：用护肤品保持皮肤滋润，维持皮肤的水分；不过多地烈日下曝晒；要有充足的睡眠；少吃刺激性食物；适当运动。皱纹是人体衰老的表现，这是不可抗拒的自然规律，我们可能延缓皱纹的出现，却不能不让它出现。

（二）延缓皮肤的老化

当皮肤外表苍黄而有皱纹，因角质层百度增加而轻度萎缩，表皮变薄而干燥，肌肉弹性张力消失，结实程度减少而出现松弛时，皮肤就衰老了。

皮肤的衰老，首先由遗传与生理的内在因素造成，烟酒过多、睡眠不足、不当饮食方式等，都可以使皮肤过早衰老。其次皮肤的衰老也有很多外在的因素，演员、节目主持人等，由于工作的需要，经常要进行化妆。化妆品成年累月地刺激皮肤，再加上皮肤护理地不当，也很容易使皮肤过早老化。要延缓皮肤的老化，就要从内、外两方面采取措施。

1. 要养成健康的生活方式

染上烟瘾的人，皮肤会变得干燥，面色发黄，显得憔悴苍老。女子吸烟还会引起月经不调等症状，如果造成提前闭经，就意味着加速衰老。为了保持皮肤光泽柔润，富有弹性，千万不要养成吸烟的习惯。

2. 要保持充足的水分

水是一个人生命的甘露。一个人的皮肤含有足够的水分，才会有滋润感，水分是细柔鲜嫩皮肤的主要成分。美容离不开水，如果缺水，就会引起皮肤干燥，增添许多皱纹。如果不常喝水，更会引起便秘，而便秘是美容护肤的大敌。为了青春常驻，健康美丽，不妨每天多喝水。只有保持人体充足的水分，皮肤才能柔软滋润。

3. 不要过多地暴露在阳光下

阳光中的紫外线不但可以穿透表皮，而且可以到达真皮，直接影响皮肤细胞的生长。年轻时过度曝晒的人，通常会提早在38～45岁就出现老化现象。皮肤一旦失去弹性，就永远无法还原，可见护肤从年轻时就应开始。如果从20岁便开始保养皮肤，定会推迟皮肤的老化，延长皮肤的青春。

（三）皮肤质地的保养

人的皮肤各有不同，昼夜24小时都在不断地工作着和变化着。它有时暴露在酷暑或严寒中，有时接触油烟和灰尘，不同质地的皮肤产生不同的反应，十分娇嫩敏感。要像对待最心爱的人那样，应该经常地关心它、体贴它、保养好它。早注意比晚注意强，注意比不注意强。

1. 干性皮肤的保养

干性皮肤的特点是皮肤粗糙，干燥而不含油脂，小皱纹引人注目。平日洗脸时要用温水，洗脸后擦上保湿的面霜，吸收空气中的水分，深入表皮，把水分储藏起来，以补充皮肤水分供应的不足。天寒地冻，或在大风、干燥的环境中工作时，干性皮肤的人必须使用保护霜。而烈日炎炎、阳光强烈时，干性皮肤的人切不可曝晒在阳光下，外出时必须涂抹防晒霜来保护自己的皮肤。

护理要点：

（1）清洁。应选用不含碱性物质的柔和、抗敏感洁面产品洗脸，避免抑制皮脂和汗腺的分泌，使皮肤更加干燥；

（2）调理。选择滋润、温和、含有天然植物精华的滋养面膜，每周至少做一次；

（3）补水。在皮肤还滋润时，选择滋养成分高的温和产品，以迅速补充水分脂擀、平衡酸碱值、实现皮肤的水油平衡；

（4）日常保养。注意皮肤表层的水脂质膜的修复和加强，选择成分足、质量好、添加保温成分、防护性能强的润肤产品；

（5）特别保养。眼部的肌肤最为薄弱，容易产生皱纹、眼袋，需要特别护理。

2. 油性皮肤

油性皮肤的特点是肤纹粗，毛孔容易张开，受外来刺激容易感染，所以清洁是至关重要的。只有油性皮肤才需要在24小时之内至少清洗面部两次以上，早上洗脸，睡前净面。在选用化妆品时，要注意用适合油性皮肤的化妆品。

护理要点：

（1）清洁。油性皮肤保养的关键是保持皮肤的清洁。为了将分泌的油脂清洗干净，建议应选择洁净力强的洗面乳，一方面能清除油脂，一方面能调整肌肤酸碱值。洗脸时，将洗面乳放在掌心上搓揉起泡，再仔细清洁T字部位，尤其是鼻翼两侧等皮脂分泌较旺盛的部位，长痘的地方，则用泡沫轻轻地划圈，然后用清水反复冲洗20次以上才行。

（2）控油。洗脸后，可拍以收敛性化妆水，以抑制油脂的分泌，尽量不用油性化妆品。晚上洁面后，也可适当地按摩，以改善皮肤的血液循环，调整皮肤的生理功能。

（3）调理。每周可做一次薰面、按摩、倒

膜，以达到彻底清洁皮肤毛孔的目的。面部出现感染、痤疮等疾患，应及早治疗、以免病情加重，损害扩大，愈后留下疤痕及色素沉着。油性皮肤的人在秋冬干燥季节也可适当地选用乳液及营养霜。

（4）日常保养。入睡前最好不用护肤品，以保持皮肤的正常排泄通畅。饮食上要注意少食含脂肪、糖类高的食物，忌过食烟酒及辛辣食物、应多食水果蔬菜，保持大便通畅，以改善皮肤的油腻粗糙感。夏季油性皮肤的保养是最为主要的。首先增加清洁皮肤的次数，每天为2~3次。每周使用一次磨砂膏以进行更深层的清洁，以免过多的皮脂，汗液堵住毛孔。另外，外出时要在面部、手臂涂抹防晒霜、防晒油等，以减轻紫外线照射，防止皮肤被晒黑。应戴遮阳帽、遮阳伞、墨镜，以免紫外线刺伤皮肤和眼睛。最后还要注意调节室内的温度，避免过多出汗。多使用含油少、水质的化妆品。

3. 混合性的皮肤

混合性的皮肤，脸颊部位和嘴唇两边是干燥的，额头鼻子是油油的，下额处也会经常起小的粉刺，且毛孔粗大。所以，做清洁型保养时要顾及干燥的部分，做滋润型保养时则要顾及较油的部分，这样对皮肤一单一分式虽好保养，却无法完全照顾到混合性皮肤的特点。而且，混合性皮肤的状况并不是非常稳定的，有时很干燥，有时会皮脂分泌旺盛，所以在每天例行保养中，最好是根据当天的皮肤状况去改变保养的方法。

护理要点：

（1）每天清洁皮肤时，在出油的部位多洗一次，在出油的地方，3天可以用磨砂膏进行一次深层清洁，（去除角质）。

（2）定期给予肌肤大扫除，敷脸、在敷脸的时候一定要分区做面膜，T字部位用清爽的面膜，干燥部位用保湿、营养面膜。

（3）在日常保养时，要加强保湿工作，不要涂油腻的保养品。

（4）干燥的部分要着重保湿，用热敷促进新陈代谢，做化妆水，保湿乳液加强保湿，以补足水分。不要一股脑地整脸使用同一种护肤品，造成油的更油，干燥的地方还是老样子。其实彻底地清洁和保湿对于出油及粉刺部位才是最正确的保养。

4. 过敏性皮肤

过敏性皮肤的护理，对经常需要化妆的人来说，显得格外重要。过敏性皮肤常因气候的冷暖、阳光的曝晒、食物的不适、环境的污染等引起皮炎。皮肤比较脆弱、提高它的抵抗力是第一需要。最好每天进行一次冷热疗法，经常做脸部按摩与敷面膜。过敏性皮肤容易受刺激，引起不良反应，使用化妆品一定要慎重。化妆品中的香料常引起过敏反应，应避免使用香味重的、油性的化妆品。多吃一些水果、蔬菜，少吃鱼虾、牛羊肉等食品。

护理要点：

（1）生活要有规律，保持充足的睡眠。

（2）皮肤要保持清洁，经常用冷水洗脸。

（3）要保持皮肤吸收充足的水分，避免炎热引起的皮肤干燥。

（4）避免过度的日晒，否则会引起皮肤受到灼伤，出现红斑、发黑、脱皮等过敏现象。

（5）选用敏感系列护肤品，如：冷膜、敏感面霜、细胞乳液霜等，以镇静皮下神经丛。

（6）使用同一牌子化妆品，选择不含浓烈香味、不含酒精等刺激性的化妆品。

（7）选用特效的敏感精华素，使皮肤增加纤维组织，使薄弱的皮肤得以改善。

（8）尽量不化浓妆，如果出现皮肤过敏

后，要立即停止使用任何化妆品，对皮肤进行观察和保养护理。

5. 中性皮肤

中性皮肤是标准肤型，护理也比较简便，根据皮肤的状态做好基础护理就可以。

护理要点：

清洁皮肤是护理中性皮肤的重要方面。中性皮肤能够很快地调整变化，最好一年四季分别选用不同的化妆品。中性皮肤平时只需要注意油分和水分的调理，使其达到平衡。平时使用爽肤水、乳液、眼霜应选用含油分不多的产品。春天和夏天应进行毛孔护理，适合选用清爽化妆水与乳液；秋天和冬天应注意保湿和眼部护理，可选用营养价值较高的面霜，并用面膜敷面。

四、皮肤护理的基本程序

完整的皮肤护理步骤包括：清洁—调整皮肤纹理—爽肤—均衡滋润—保护。

（一）第一步：清洁

1. 清洁的作用

皮肤清洁是保养最重要的基础，它包含卸妆和日常的洁面，通常先卸妆再洁面。每天早、晚各一次的清洁工作，可以温和并彻底地卸除你脸上的化妆品和油脂及污垢。

2. 清洁的手法（见图2.2）

用指腹由下往上，由内往外（不要用力搓洗），避开眼周，然后用清水（最好是温水）冲洗，配合用滋润的美容纸巾擦拭干净。

3. 卸妆

卸妆是清洁之前重要的一步，卸除脸部的残妆时，要注意眼部和唇部是脸部皮肤最娇嫩的地方，要给予特别的护理。

4. 选择适当的洁面产品很重要

（1）如果皮肤没有清洁干净，不仅护肤品

图2.2 清洁的手法

不易吸收，而且长此以往，肤色会晦暗，毛孔阻塞，易滋生白头，黑头和粉刺。

（2）但如果过度清洁易造成水分流失，皮肤干燥，甚至敏感。

（3）适合自己肤质的洁面产品，应该是用后觉得干净，但洗后又不觉得紧绷的洁面产品。

5. 洁面产品分为乳液型的和泡沫型

（1）乳液型：质地如乳液一般，含适量油份，适合干性肌肤，中性肌肤，混合性肌肤，秋冬季节和干燥的环境。

（2）泡沫型：能和水调出泡沫的洁面乳，清洁效果更强，适合油性肌肤。混合性肌肤，中性肌肤在夏季或湿热的环境也适合使用。泡沫型洁面乳，一定要先加水调和，揉出泡沫，再用于湿润的脸部。

6. 眼部清洁

眼部肌肤和眼球都非常娇嫩，而同时眼部彩妆度比较防水，非常顽固，所以要用专门的眼部卸妆液，可以温和同时又彻底地卸除眼部彩妆，丝毫不刺激眼部。

7. 唇部清洁

将卸妆液倒在化妆棉上，在上唇向下抹，在下唇向上抹，最后轻轻抹掉所有的彩妆痕迹。

（二）第二步：调整皮肤纹理

为什么要定期去除皮肤表面的堆积死皮：角由于皮肤的新陈代谢就会日趋缓慢，角质层的正常脱落也会减缓，角质层就会渐渐堆积变厚，这就需要养成定期去除堆积死皮的护肤习惯，让肌肤恢复通透柔嫩。

1. 面膜的作用

每星期敷两次面膜，可帮助剥除表面干燥细胞，使皮肤纹理光滑，呈现清新、光彩的容貌。可以温和去除堆积在皮肤表面的死皮，促进营养吸收（见图2.3）。

2. 涂抹以及清洁面膜

（1）以向上、向外的手势将面膜平敷在洁净的脸部，避开眼周和唇部。

（2）静待10分钟，不要说话，不要挤压皮肤。

（3）10分钟后，先用水湿润面膜，用手轻轻打圈按摩，可以进一步去除堆积死皮。然后再用清水，配合湿润的美容纸巾把面膜擦拭洗净。

（4）敏感肌肤，面膜敷8分钟，清洗时不要按摩，配合湿润的美容纸巾将面膜擦拭干净。

（三）第三步：爽肤

图2.3 敷面膜

1. 爽肤水的作用

补水保湿，同时可以软化角质，再次清洁肌肤，促进后续润肤营养吸收。平衡PH值，增加肌肤的柔软感和湿润度。有的还可以帮助收缩毛孔。

2. 爽肤水的用法

充分沾湿化妆棉，避开眼部，以向上、向外的手势轻轻擦拭两部及颈部。重复擦拭，T区可以多擦拭，直到化妆棉上没有污垢及残留化妆品的痕迹为止。

3. 用化妆棉擦拭爽肤水的好处

棉片擦拭，不仅可以加强二次清洁的效果，更有效地促进后续营养的吸收。而且，棉片擦拭，涂抹均匀，用量好控制又节省。

（四）第四步：均衡滋养

1. 均衡滋养的作用

均衡滋润是指使用乳液或面霜的保养步骤，能给肌肤补充必需的水分和养分，充分滋润肌肤，保持肌肤的柔润光滑。

2. 选择适合的乳液面霜

（1）选择乳液或面霜，无论有什么特殊需求，例如抗皱或者美白等，都要首先确保适合肤质能达到所需保湿的效果，在这个基础上抗皱或美白等保养才能发挥作用。均衡滋润这一步，有时是用一款产品，有时由于环境，年龄等因素，还需要用补充性保养品来配合。

（2）理想的保湿效果，应该是在用手指背面轻触时，你时时能感觉到肌肤是湿润的。

3. 均衡滋润的用法

为达到最佳效果，使用保养品时一定要用中指和无名指的指腹，轻轻地以朝上和朝外的方式涂抹。

4. 眼霜涂抹的注意事项

通常眼霜应该用在面霜之前的步骤，涂抹眼

周部位时请用轻柔的无名指指腹。

（五）第五步：保护

1. 保护的作用

使用粉底，避免灰尘和污垢与皮肤直接接触，保护皮肤，并给予皮肤光滑、匀称的光彩。

2. 选择粉底的注意事项

选择粉底也要根据肤质选择，再结合肤色需求以及特别需求。

3. 保护的用法

取适量粉底，先用五点法在额头、鼻子、两颊和下巴处，然后用中指和无名指指腹或海绵，将粉底轻点，分散开，然后轻轻将粉底向外向下推开、推匀。请特别注意下巴、发迹交接处，颜色要融合。

第三章　化妆色彩的运用

　　我们常说花花世界，没错，我们生活的世界是充满着色彩的，红的花，绿的树，还有夜晚五光十色的霓虹灯，无一不是在向我们展示着它们的美丽，而化妆更是与色彩分不开的，眼影，口红，腮红，蜜粉，粉底，等等，都是具有色彩的。那么如何运用好这些不同颜色的化妆品，从而让我们变得更加美丽，并使之与服饰色相协调，而达到整体统一的美感呢？这就是本章节将要阐述的问题。

一、色彩的基本知识

（一）色彩的分类

　　整个色彩系统大致可分为两大类：一类是有彩色系，一类是无彩色系。

　　无彩色系是指白色、黑色和由白色、黑色调和形成的各种深浅不同的灰色（见图3.1）。

图3.1

　　无彩色按照一定的规律排成一个系列，由白色渐变到浅灰、中灰、深灰到黑色，色度学上称此为黑白系列。

　　有彩色系是指红、绿、蓝、黄、紫、橙等除了黑、白、灰以外的所有颜色。有彩色系有纯度、明度、色相的变化，有冷暖的心理感受。

（二）色彩的属性

　　有彩色系的颜色具有三个基本特性：色相、纯度（也称饱和度）、明度，它们被称为色彩的三要素。

　　1. 色　相（见图3.2）

　　色相是指能够比较确切地表示某种颜色色别的名称，也就是色彩的样貌，如：红色、绿色、

色相环

图3.2　色相环

蓝色、黄色等。色相是色彩的外向性格的体现，是色彩的肌肤。

2. 纯　度

色彩的纯度是指色彩的纯净程度，也叫色彩的饱和度。它表示颜色中所含的色彩成分的比例。含有色彩成分的比例越大，色彩的纯度越高；反之，则越低。色相环中红色的纯度最高。

3. 明　度

明度是指色彩的明亮程度（见图3.3～图3.6）。色彩的明度有两种情况，一种是同一色相不同明度；另一种是各种色彩的不同明度，每一种纯色都有其相应的明度，色相环中黄色的明度最

图3.3　原图　　杨国志　摄

图3.4　明度提高，纯度降低

图3.5　明度降低，纯度也相应降低

图3.6　在原图的基础上混入其他色彩，纯度降低

高，蓝紫色明度最低。

总之，有彩色系的色相、纯度、明度三要素是不可分割的，应用时要同时考虑这三个要素。

（三）色彩的调和

色相环是由原色、间色、复色有规律地组成的。

原色：不能用其他颜色调和而成的色彩。也就是我们经常说的三原色。它又分为色光的三原色和色料的三原色，这里我们只说色料的三原色，它包括红、黄、蓝。

间色：由两个原色调和而成的色彩称为间色。

红色 + 黄色 = 橙色
红色 + 蓝色 = 紫色
黄色 + 蓝色 = 绿色

复色：原色和间色的调和，或间色与间色的调和，形成的色彩称为复色，也叫第三次色。

（四）色彩的感觉

1. 色彩的视觉心理

（1）色彩的冷、暖感。

① 暖色：当人们见到红色、橙色、黄橙等，马上就会联想到太阳，火焰、热血等物象，产生温暖、激烈、火热的感觉。

② 冷色：见到蓝色、蓝紫、蓝绿等颜色后，则会联想到海洋、冰雪、太空等，产生寒冷、理智、平静等感觉。

③ 中性色：中性色指在心理感受上摇摆不定，没有明显的心理冷暖倾向，如绿色、紫色。

（2）色彩的轻、重感。

色彩的轻、重感主要与色彩的明度有关，明度高的色彩使人感觉很轻，如蓝天白云，明度低的

色彩使人感觉重，如大地、钢铁等。

（3）色彩的前进、后退感。

这是视错觉的一种现象，一般暖色、纯色、高明度色、强对比色、大面积色、集中色等都有前进感，反之则有后退感。

（4）色彩的兴奋与沉静感。

红、橙、黄等鲜艳而明亮的色彩给人以兴奋感，蓝、蓝绿、蓝、紫等色彩使人感到沉着、平静。

2. 色彩的性格

红色：热情、喜悦、温暖、热烈、激情。

橙色：活泼、华丽、辉煌、温情、幸福、愉快。

黄色：轻快、光辉、活泼、光明、希望、健康。

绿色：青春、和平、生命、安详、新鲜、希望。

蓝色：沉静、冷淡、寒冷、理智、公正、冷漠、悲哀。

紫色：神秘、高贵、优美、庄重、奢华。

黑色：悲哀、恐怖、沉静、不详、消亡、沉默、深沉、高雅、端庄。

白色：洁净、纯真、光明、卫生、恬静、朴素、空虚、单调、纯洁。

色彩还可以使人产生错觉，正是色彩的这些特性，在化妆的时候，也要考虑到以上的因素，化出不同的妆。

二、化妆中的运用

（一）人的肤色

每个人都有自己喜好的颜色，而在这么多五花八门的彩妆里面颜色更是丰富多彩，在这么多的颜色里面选择适合自己的色彩就是许多人都头疼的问题，那么如何选择适合自己的颜色呢？这和我们的肤色、瞳孔的颜色、发色、着装的色

彩都分不开，首先，从肤色开始说起。

从世界范围来看，全人类的肤色可以分为黄、白、黑三种，而我们中国属于黄种人的范围，不要以为我们都是黄种人，那么我们选择的色彩就一样了，即便都是黄色的皮肤，也是有很大的区别的。在亚洲人的肤色当中，中国人的肤色属于黄色偏灰棕色还偏绿（西部一些高海拔地区是黄色偏绿再偏红，就是常说的"高原红"），这就是有时候对着镜子看久了会发现自己脸色发青的原因了。总的来说，我们的肤色偏暖色调，每个人的肤色都有区别，这就要求每个人在化妆前要先了解我们的肤色。

我们的个性颜色可以分为四种，可以从这四种类型中找到适合自己的颜色。首先大致可以分为AB型（暖色）和CD型（冷色），再细分为A型、B型、C型、D型（见图3.7）。

在观察肤色时，在自然光下，将脸洗净，用白色毛巾把头发包住（见图3.8），最好穿白色或浅色衣服，以面颊以下的部分作为对比部位，与肤色对比表对比。

针对不同的肤色选择的适合自己的彩妆及服装的色彩搭配，但是，也并非一定要完全的要自己适合的颜色，其他颜

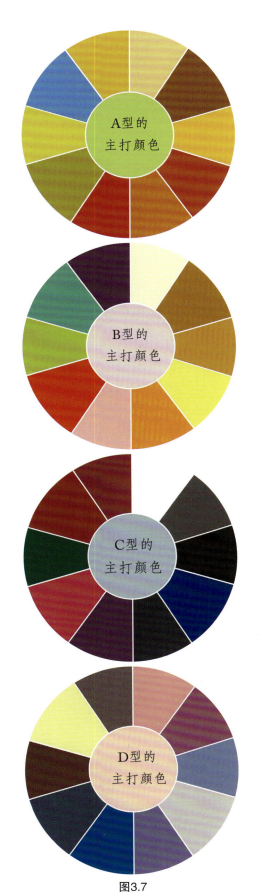

图3.7

AB型（暖色）	CD型（冷色）
AB-1 暖白 亮白通透、不泛红的肤色	CD-1 冷白 青白不泛红的肤色
AB-2 暖自然色 亮白不泛红的肤色	CD-2 冷自然色 稍暗的灰白肤色
AB-3 暖暗色 褐色系的古铜肤色	CD-3 冷暗色 略棕不泛红的肤色
AB-4 暖系粉白 稍有血色的粉红肤色	CD-4 冷系粉白 气色红润、稍冷青白的肤色
AB-5 暖系自然粉白 气色红润的大众肤色	CD-5 冷系自然粉白 透红肤色
AB-6 暖系暗色 气色好、健康的古铜肤色	CD-6 冷系暗色 透红稍暗肤色

图3.8 肤色对比表

色，如果自己喜欢，也可以和适合自己的颜色自由搭配。

（二）化妆与年龄

年轻的女性，皮肤富有弹性、润滑、光泽度也比较好，淡雅点的妆容比较合适，更能够突出年轻人活泼、天真的特性，不需要用很厚的粉底来遮盖，在色彩的选择上也比较多样化，可以大胆地尝试各种不同的颜色。

中年女性的皮肤在日渐走下坡路，皮肤开始松弛，皱纹增多，大多数人的皮肤开始偏干，润滑度及光泽度也不及年轻女性，肤色也开始暗沉发黄，斑点也增多，在粉底的选择上就要用覆盖力强的，而色彩的选择也要用一些稳重的色彩，如咖啡色、灰色及偏暖的色系。

老年的女性皮肤已经松弛，皱纹也多，肤色泛黄，皮肤也不再富有弹性，粉底已经不能够完全遮盖，眼影也不能再用咖啡色系，可以选用偏暖的色调，主要是调整肤色，给人一种健康、精力充沛的印象。具体的步骤在本书会有详细的讲解。

（三）化妆与季节

不同的季节，由于气候的差别，阳光的强弱，也要选择不同的色彩来搭配。

1. 春 季

春天是一个非常富有朝气且活泼的季节，在春天，万物复苏，充满生机，气候也很舒适，不冷不热，十分柔和，在色彩的选择上，可以选一些轻快活泼的颜色，如淡蓝色，淡黄色，橙色等，底妆要轻薄、透明，春季的化妆就要轻薄、透明、柔和，不要用太过大的对比色（见图3.9）。

2. 夏 季

夏天是一个非常热烈的季节，光线也较强、气候炎热、所有的一切在烈日下都显得那么激情四射，那么在这样的季节里，防晒肯定是首位，夏天适合化淡雅的妆容，显得清爽，色彩上可以选择一些淡的冷色系，如淡蓝色、淡紫色、绿色等一系列粉色系。化妆品要选用有防水功能的，以免流汗造成的脱妆（见图3.10）。

3. 秋 季

秋天是一个丰收的季节，树叶开始变黄凋落，整个大自然都开始走向暖色、棕色，身上的衣服也开始增多，服装的色彩也从浅色走向深色，这个季节皮肤也开始变干，失去光泽。由于整个大环境色都开始偏向暖色，那么整个妆容的色调也需要变暖，同时也要比春夏季的妆色浓重些（见图3.11、图3.12）。

4. 冬 季

冬天是一个寒冷的季节，光线苍白，穿着也很厚重，所以冬天的妆要浓些，妆容也要强调面

图3.9

图3.10

图3.11

图3.12

部的立体感，可以选择咖啡色系等厚重的和一些暖色系的色彩。

（四）化妆色与发色及服饰色的搭配

除了肤色、季节之外，化妆还必须要和发色及服饰色相协调。亚洲人的发色大都是黑色或深棕色，但是现在染发技术的应用，也有很多其他的发色，那么在化妆的时候这些因素也要考虑进去。

化妆前要先确定服装再定发型。如平时的生活妆，穿着自然休闲，那么发型也要随意自然一些，妆容也应以淡雅，自然为主。再根据服装色彩来搭配彩妆。

浅色服饰，化妆要淡、素，色彩应与服装的色彩相一致，或者是同类色系。深色服饰，既可以选择同色系彩妆，也可以选择一些强烈的对比色来协调过深的服饰色彩，使人显得轻松，有精神。

有花纹的服饰，则可以选择服装花纹里的几个主要色彩作为自己的彩妆颜色，这样就不会显得花哨，也很协调。而黑白灰的服饰，可以搭配多样色彩都不会显的不合适，不过，可以选择一些鲜艳的颜色，能让人显得更精神，不会给人以刻板，单调感。

第四章　化妆品及品牌介绍

第一节　化妆品

根据2007年8月27日国家质检总局公布的《化妆品标识管理规定》，化妆品是指以涂抹、喷洒或者其他类似方法，散布于人体表面的任何部位，如皮肤、毛发、指趾甲、唇齿等，以达到清洁、保养、美容、修饰和改变外观，或者修正人体气味，保持良好状态为目的的化学工业品或精细化工产品。包括洁肤品、护肤品和彩妆品，而不仅指大家往常理解的修饰面部的彩妆品。化妆品的质量好坏是一个良好的妆容的关键因素之一。良好的化妆品会使妆容更服帖，更精致；低劣的化妆品不仅不能达到理想的修饰效果，还有可能伤害皮肤。

一、洁肤类化妆品

（一）卸妆品

当今市场的卸妆产品主要有四大类：卸妆油、卸妆水、卸妆液和卸妆乳。作用为彻底清除眼部、面部及唇部的彩妆品及油脂等污垢。需要注意的是，一般的面部卸妆品不能使用在眼部及唇部，眼部及唇部因其特殊的皮肤构造而需使用专门的卸妆品（此内容在前面皮肤知识中已有讲述，此处不再赘述）。

1. 卸妆油

其主要成分是油脂，适用于卸除浓妆，比如

舞台妆，戏曲妆。

2. 卸妆水

其主要成分是水，适用于卸除淡妆。

3. 卸妆液

通常是水油结合的产品，因彩妆品中通常会含有一些植物油脂、金属油脂、矿物油脂甚至是动物油脂，因为卸妆液利用水分解水，油分解油的原理，能有效清除残留彩妆。不过不同品牌的卸妆液其水油比例不同。

4. 卸妆乳

呈乳液状，在卸妆的同时还能滋润皮肤。缺点是太滑腻，卸妆效果往往不够理想。

（二）洁面品

洁面品多为乳液妆、啫喱状产品，也有皂类和洁面油。良好的洁面产品应为弱碱性，其PH值在5.0～6.6，能有效清洁多余油脂、污垢等且对皮肤无刺激。

二、护肤类化妆品

（一）化妆水

化妆水又有爽肤水、柔肤水、美白水等品名，一般是根据其功能性命名。比如：柔肤水、保湿水通常为补水性的化妆水，保湿效果好，适合干性及中性皮肤和秋冬季使用；爽肤水、收缩水、收敛水通常有收敛毛孔、抑制油脂分泌的作用，适合油性皮肤使用；美白水、精华水、营养水通常含有营养成分或是抗皱、美白、增强皮肤弹性等功效。

（二）精 华

精华的分子结构最小，能直达真皮层，对皮肤起到护理的作用，通常为晶莹的凝露状、啫喱状产品。常见的有抗皱精华、美白精华、淡斑精华等。

（三）乳液及乳霜（见图4.1）

乳液及乳霜都属于调节皮肤水油状态的滋养品，供给皮肤所需养分和水分，使皮肤水油比例达到最佳的平衡状态，但其分子结构和水油含量不同，一般来讲，乳霜的分子结构和油脂含量都大于乳液。

图4.1

（四）隔离防晒品

1. 隔离霜、修颜霜

隔离霜和修颜霜能将皮肤与空气中的粉尘、污垢、紫外线等有害物质隔离开来。有紫色、绿色、粉色等颜色，选用正确颜色的隔离修颜霜对肤色有良好的改善作用。紫色可以提亮发黄、暗沉的肤色；绿色可以掩盖易发红，多红血色的皮肤；白色可以使晦暗、肤色不均、有色素沉积的皮肤显得清透有光泽；古铜色则可以打造皮肤健康的美感。

2. 防晒霜

目前市面上的防晒霜主要有物理防晒品、化学防晒品和物理化学结合防晒品三大类，其防晒原理各不一样。多为霜状类产品，近年也有品牌研发了喷雾剂类防晒品。良好的防晒品应是同时隔离UVA和UVB两种紫外线的，分别用SPF值和PA值表示。SPF值表示防晒UVA的时长，计算公式为SPF值×20分钟＝防晒时间。PA值表示阻挡UVB的强度，用"＋"表示。SPF值在50以内，PA值在"＋＋＋"以内的属于正常防晒范围，不会对皮肤造成负担，SPF值在50以上，PA值在"＋＋＋"以上则有可能对皮肤造成伤害。

（五）粉底（见图4.2）

图4.2

粉底是皮肤护理的最后一部，能对皮肤形成良好的保护，被美容专家称为"皮肤的小外套"。良好的粉底分子远远小于毛孔数倍，不会堵塞毛孔。同时能掩盖皮肤表面的小瑕疵，使肤色均匀，皮肤更光泽、滋润。根据"水分""油份"的含量不同，可以分为以下几种类型。

1. 粉状粉底

粉状粉底含色粉较多，水油较少，常见的有粉饼和干湿两用粉饼两种。粉质对油份有吸附作用，携带方便因此适合油性、混合型皮肤以及需要快速上妆和补妆者。

2. 液体粉底

液体粉底的油脂含量少，水分含量多，易涂抹，遮盖力不强，对肌肤有良好的滋润作用，适合多种皮肤使用。

3. 膏状、霜状粉底

膏状、霜状粉底的油脂含量高，遮盖力强，持久，不易掉妆，有深浅多种颜色，可以修正脸型，改变肤色，多为专业彩妆造型、影楼、舞台和电视台等造型使用。

三、彩妆品

1. 遮瑕膏

遮瑕膏用于遮盖面部的色素沉积、黑眼圈和粉刺等瑕疵。

2. 散 粉

散粉也称蜜粉，用于定妆，使粉底不易脱落，抑制油脂分泌。有珠光，哑光等多种质地。

3. 眉笔、眉粉、眉胶

眉笔、眉粉、眉胶用于塑造合适的眉形，改变眉色等，使五官更立体。

4. 眼影（见图4.3）

眼影有粉状、膏状、液体状和珠光亚光等不同质地，是强调眼部立体轮廓、明暗的一种彩妆品，色彩丰富多样。

5. 眼线笔、眼线液、眼线膏

眼线笔、眼线液、眼线膏均用来描画眼线，

图4.3

修饰强调眼形。眼线膏是近年来新兴的一种眼线品，集合了眼线笔和眼线液的优点，广受欢迎。颜色以黑色、咖啡色、蓝色、绿色最为常见，但近年来，随着审美观的变化和时装的千变万化，颜色也越来越丰富多变。

6. 睫毛膏

睫毛膏是涂抹于睫毛上，使睫毛浓密、长、翘的化妆品。也可以强调眼部轮廓，使眼睛显得大而明亮。常用的睫毛膏有黑色，咖啡色，蓝色，紫色等颜色。

7. 腮红、修颜粉

腮红、修颜粉是涂抹于面颊部位的化妆品，可以修饰面部轮廓，使脸色健康红润。颜色丰富，可根据肤色和不同妆容以及服饰来搭配。

8. 唇线笔

唇线笔用于修饰唇部轮廓，颜色丰富，应于唇膏搭配。

9. 唇膏、唇彩（釉）（见图4.4）

唇膏、唇彩可滋润唇部，并有改变唇色的作用。有各种质地和颜色供不同妆容的搭配。

此处仅列举部分常见彩妆品，随着人们审美

图4.4

需要的日新月异，彩妆品也不断地推陈出新，在此无法一一表述。

第二节　化妆品品牌介绍

当今的化妆品种类繁多，琳琅满目，如何选择良好的化妆品是许多人都困惑的问题，在此对一些知名化妆品集团及品牌作简单介绍，仅供大家参考。

化妆品根据其销售渠道可以分为日化线产品、专业院线产品和直销产品。日化线产品是我们日常可以在超市、商场买到的化妆品。这类产品，大多可以从各类广告中了解其功效和特点，耳熟能详。专业院线产品只能在美容院购买，其使用要求相对专业，比如精油的使用必须要考获相关职业资格才能使用。其产品大都不被人们熟知，因目前我国相关监管制度不够完善，导致这部分产品中优劣混杂。直销品则是这几年才逐渐被人们所了解和接受，中国市场最常见的直销化妆品有安利旗下的雅姿、玫琳凯、雅芳等品牌。全球十大化妆品公司分别是：

法国欧莱雅公司（L'Oreal Groug）

英国联合利华（Unilever）

美国宝洁公司（The Procter & Gamble, Co.）

日本资生堂（Shiseido, Co., Ltd.）

美国雅诗兰黛公司（Estee Lauder, Cos., Inc.）

美国雅芳公司（Avon Products, Inc.）

美国强生公司（Johnson & Johnson）

德国威娜公司（Wella Group）

日本花王公司（Kao, Corp.）

美国露华浓公司（Revlon, Inc.）

一、法国欧莱雅公司（L'Oreal Groug）

法国欧莱雅公司（L'Oreal Groug）是以染发品起家的当今世界最大的化妆品集团，由年轻化学家Eugene Schueller创立于1907年。第一次世界大战以后，公司日渐稳步发展，后拓展至海外。1939年公司更名为L'Oreal，推出洗发水和沐浴露，扩大产品范围，奠定了其美发专家的地位。除了美发产品，L'Oreal Plenitude护肤系列及L'Oreal Paris化妆系列也是女士们的大众化妆之选，近年新推的男士系列也广受好评。在化妆品方面，L'Oreal近年亦积极推出色彩时尚而使用简便的产品。公司旗下有：

顶级品牌：

● 赫莲娜HR（旗舰产品）

赫莲娜HR由赫莲娜女士创立于1902年，以"护肤先端医学高科技，彩妆领先时代新理念"为品牌理念，2000年进军中国市场。品牌创始人赫莲娜女士创立了全世界第一家美容院，第一个提出针对不同肌肤类型提供个性化护理，创造了许多美容界第一的奇迹。一个世纪以来，创新科技一直居于HR赫莲娜品牌的核心地位。其彩妆品中以睫毛膏最为著名。

二线品牌：

● 兰蔻（Lancome）

兰蔻Lancome由阿曼达·珀蒂让（Armand Petitjean）创立于1935年的巴黎兰可思慕城堡，城堡的周围种满了玫瑰。珀蒂钟爱玫瑰，认为女人就如同玫瑰般美丽，各有其姿态与特色，遂以城堡名字的发音作为品牌名称，城堡里的玫瑰花作为品牌的logo。最早以香水起家，1964年归入欧莱雅旗下后，涉足彩妆、护肤、香水等多个产品领域，发展至今，已成为引导潮流的全方位化妆品牌。

● 碧欧泉（Biotherm）

Bio，意为皮肤的生命；therm，是指矿物温泉；Biotherm正是人类科技与大自然的美丽融合，1950年诞生于法国南部山区的一处矿物温泉，它对人体，特别是对肌肤有着特殊功效。20世纪70年代加入欧莱雅公司，现在，碧欧泉已经成为欧洲三大护肤品牌之一，它针对不同女性的不同肌肤类型，护肤和生活习惯的不同以及不同的需要，为不同肤质适用的产品设计了不同的色彩，让每一位女性都得到纯净健康的保护。

三线或三线以下产品：

巴黎欧莱雅（L'Oreal Paris），契尔氏（kiehls），美爵士，卡尼尔（Garnier），羽西，小护士，Inneov，美体小铺（The Body Shop）、欧莱雅SQ（L'Oreal Paris SQ）。

专业线品牌：雅诗莱丽（A'Srale）。

彩妆品牌：Ccb Paris、植村秀（Shu Uemura）、美宝莲（Maybelline）。

药妆品牌：薇姿（Vichy）、理肤泉（La Roche-Posay）、杜克（Skin Ceuticals）。

香水品牌：阿玛尼（Giorgio Armani），拉尔夫劳伦（Ralph Lauren），卡夏尔（Cacharel Parfums），维果罗夫（Viktor&Rolf）。

二、英国联合利华集团（Unilever）

联合利华集团是由荷兰Margrine Unie人造奶油公司和英国Lever Brothers香皂公司于1929年合并而成。目前，联合利华在全球有400多个品牌，其中大部分是收购来并推广到世界各地的。比如，旁氏原是一个美国品牌，联合利华将其买下并发展为一个护肤品名牌；而"夏士莲"原是在东南亚推广的一个英国牌子，联合利华也将其引入中国。

目前，联合利华全球个人护理用品的主要日化线品牌有：多芬，力士，旁氏，清扬，Axe，Rexona，夏士莲（Sunsilk）。

1989年，联合利华将伊丽莎白·雅顿（Elizabeth Arden）收入旗下。1910年，一位充满远见与梦想的女性——雅顿夫人，在纽约第五大道开设了第一家全方位的美容沙龙，也就是日后闻名于世的红门沙龙。红门沙龙把女性整体美的理念注入美容文化，其后创建了伊丽莎白·雅

顿化妆品公司，在将近100年后，伊丽莎白雅顿成为享誉盛名，备受全球女性欢迎的化妆品牌。1933年上市的"八小时润泽霜"迄今仍深受广大消费者的青睐，成为雅顿产品中最经典的代表。其后，雅顿不断推出各种专业产品，历经岁月磨砺，至今依然拥有极佳的口碑，如20世纪70年代创新配方的"显效"系列，1978年最早提出抗老化概念的"银级"系列，上市16年至今仍是雅顿畅销商品第一位的"新生代时空胶囊"，还有2005年才上市的"时空苏活霜SPF30"，都给雅顿的镀上了耀眼的光彩。在深入研发保养品及彩妆之余，伊丽莎白雅顿也成功扩展至香水领域，并拥有傲人的成绩。

三、美国宝洁公司（The Procter & Gamble, Co.）

宝洁公司（The Procter & Gamble, Co.），简称P&G，是一家美国消费日用品生产商，也是目前全球最大的日用品公司之一。

旗下化妆品牌中顶级品牌：护肤品牌SK-Ⅱ，彩妆品牌蜜丝佛陀（Max factor）。

SK-Ⅱ诞生于日本，是日本皮肤专家将尖端科技运用到护肤品开发中的完美结晶，是目前在日本、韩国、中国及东南亚等地深受欢迎的护肤品牌。1909年,曾出任俄国皇家剧团化妆师的波兰人Max Factor先生创立了同名品牌，"蜜丝佛陀（Max factor）"公司正式成立。1980年，蜜丝佛陀取得"pitera&reg"；配方并商业化，正式发售的商品为"Secret Key To Beautiful Skin"（美肌神秘の匙，中译：美之匙）。第二代产品上市后，为了方便记忆更名为缩写"SK-Ⅱ"，至此SK-Ⅱ品牌正式确定并沿用至今。1991年，宝洁公司（P&G）从露华浓手中收购蜜丝佛陀，并成立了日本宝洁株式会社蜜丝佛陀公司，主要负责SK-Ⅱ品牌的全球市场拓展工作。SK-Ⅱ的产品

主要有：

（1）护肤类：面部精华、防晒/隔离霜、眼霜/眼部精华、面膜、洁面、乳液/面霜。

（2）彩妆类：粉饼、唇膏/口红、妆前乳、粉底液/粉底霜/粉底膏、蜜粉/散粉。

二线品牌：

● 玉兰油（Olay）

作为宝洁公司全球著名的护肤品牌，Olay玉兰油致力于为女性提供专业全面的高品质美肤产品。玉兰油以全球高科技护肤研发技术为后盾，在深入了解中国女性对护肤和美的需要的基础上，不断扩大产品范围，目前已经涵盖了护肤和沐浴系列，真正帮助女性全面周到地呵护自己的肌肤，使她们更年轻、更自信，从内到外焕发美丽光彩。如今，玉兰油已成为世界上最大、最著名的护肤品牌之一。

其他二线品牌有伊奈美Illume、Always、Zest。

彩妆品牌：

● 安娜苏（Anna Sui）

由华裔设计师安娜苏（Anna Sui）本人于1980年在美国创立。她的设计一向以大胆多变著称，正好配合她热爱摇滚音乐那种特立独行的个性。其产品从服装延伸至化妆品，将绚丽的设计发挥到淋漓尽致。当化妆品愈趋简化的时候，带东方面孔的Anna Sui却推出一系列夹杂古典、优雅、精致奢华的化妆品。Anna Sui将绚丽多姿的独特色彩，再融入她品牌设计，神秘色彩夺人耳目，她的彩妆品更是收藏品。

● 封面女郎（Cover Girl）

封面女郎（Cover Girl）是美国著名彩妆品牌。自1961年在美国推出第一款粉底产品以来，Cover Girl就一直致力于彩妆产品的研究，以满足广大消费者的需求。Cover Girl的灵感来源于国际时尚杂志上的封面女郎，她们自信而漂亮的气质正是Cover Girl所提倡的美丽标准。"从现在开始，让世界一同来见证属于你的自然美丽，就像封面女郎，随时随地散发着自然真我自信的风采！"这就是Cover Girl一贯追求的目标。

旗下其他品牌包括香水品牌：Hugo Boss、Locaste、安娜苏（Anna Sui）、Escada艾斯卡达、登喜路（Dunhill）、华伦天奴（Valention）等；洗护品牌：飘柔、海飞丝、潘婷、沙宣、伊卡璐、舒肤佳、威娜（Wella）。

四、日本资生堂（Shiseido, Co., Ltd.）

日本资生堂公司Shiseido，其涵义为孕育新生命，创造新价值，是致力于将东方的美学及意识与西方的技术及商业实践相结合的先锋。将先进技术与传统理念相结合，用西方文化诠释含蓄的东方文化。资生堂以药房起家，最初并非是化妆品公司。1872年，曾留学海外攻读药剂，并曾为日本海军药剂部主管的福原有信（Yushin Fukuhara），在东京银座开设自己的药房，名为资生堂，这亦是全日本第一间西式药房。直至1897年，资生堂创制出了Eudermine（希腊文），一支突破性的美颜护肤化妆水——酒红色的化妆水，为资生堂开始了踏入化妆界的第一页。

旗下顶级品牌肌肤之钥（Cle De Peau）、茵芙莎（IPSA）。

● 肌肤之钥（Cle De Peau）

肌肤之钥（Cle De Peau）是资生堂最尊贵的殿堂级品牌，萃取最尖端的技术与精湛的美学造诣，成功发掘缔造完美肌肤的要决，以最先进的研究剖析皮肤衰老的机制，成功研创酵素管理技术，确保肌肤时刻保持理想状态。

● 茵芙莎（Ipsa）

茵芙莎（Ipsa）于1987年诞生于日本。Ipsa源自于拉丁文"Ipse"，英文意思即self，比喻现代女性自我、自主的独特个人气质。其理念是：

"闪耀你的内在美丽"，为你量身定做美容私房笺。其产品分为三大系列：护肤系列、彩妆以及身体护理系列。在茵芙莎（IPSA）护肤类产品中，最能体现IPSA产品理念的就是能最大限度地挖掘肌肤内在"自立活性力"的自律循环系列。自律循环系列分为4个子系列：自律活肤液、自律活肤精华液、自律舒缓循环液和自律美白活肤液。其中每个系列里又分别为不同肤质设计了不同的产品，最大程度上实现为女性量身定制美容处方。

二线品牌：

● 思妍丽（Decleor）

思妍丽（Decleor）于1974年由一位医生、一位药剂师、一位香薰治疗医师及一位生物化学师始创于年法国巴黎，他们在谈及护肤品发展潮流时，不约而同地将目光聚焦在了植物香薰上。于是，4位实干家立刻联袂组成了研制小组着手研发，以创造全天然美容护肤系列为目标。根据不同皮肤类型的特性研制出各种不同的香薰治疗系列产品——原聚素及修护霜。每一款香薰治疗系列产品都含有不同香薰精华和植物精华。天，凭借100%纯天然品质及高效能的治疗效果，思妍丽（Decleor）已成为世界公认的香薰植物护理专家。遍布全球60多个国家，深受国际美容院和美容师的认可和推崇，属专业线产品。

其他二线品牌有：爱杜莎（Ettusais）、凯伊黛（Carita）。

底线品牌：Shiseido Fitit、爱泊丽（Asplir）、珊妃（Selfit）、白媞雅（Whitia）、泊美、Deluxe。

彩妆品牌：Maquillage。

男士品牌：吾诺Uno、俊士。

中国专售品牌：欧珀莱（Aupres）、姬芮（Za）。

香水品牌：三宅一生、Jean Paul Gaultier。

五、美国雅诗兰黛公司（Estee Lauder, Cos., Inc.）

雅诗兰黛公司是全球领先的化妆品、护肤品和香水的大型生产商和销售商。1946年雅诗兰黛公司成立于美国纽约，先后收购了护肤品品牌倩碧（Clinique）、海蓝之谜（La Mer）、Prescriptives，原生（Origins），以及化妆品品牌Bobbi Brown、M. A. C，和男性香水品牌Aramis，等等。同时，该公司也为7大美国顶级时装品牌，比如Donna Karan、Michael Kors等进行香水的贴牌生产，占据了美国知名化妆品品牌的半壁江山。

旗下顶级品牌：

● 海蓝之谜（La Mer）

海蓝之谜（La Mer），我国香港地区译为海洋之蓝，它可以算是世界上最昂贵的面霜，曾被美国时代杂志评为"十五件最想拥有的奢侈品之一"。由美国太空物理学家麦克斯·贺伯博士（Dr. Max Huber），在一次意外的实验事故中被灼伤，当时的科技和医学均束手无策，于是博士决定投身护肤品研究。经过12年的研发，海蓝之谜的面霜终于诞生，也使博士的皮肤恢复平滑，开启了奇迹的大门。没有华丽的包装和广告，依然受到名门贵族的追捧。

一线品牌：

● 雅诗兰黛（Estee Lauder）

雅诗兰黛（Estee Lauder）是美国雅诗兰黛公司旗下的化妆品旗舰品牌，以抗衰修护护肤品闻名。1946年雅诗兰黛夫人成立了以她名字命名的公司，同时推出了她的第一款产品，即由她当化学家的叔叔研发的一瓶护肤霜。如今，雅诗兰黛旗下的护肤、彩妆以及香氛产品都成为了科学与艺术完美结合的最佳范例。雅诗兰黛坚持为每个女性带来美丽的初衷、致力于科研的突破和创新，对产品质量的严格控制和顾客承诺的忠实履行，使得雅诗兰黛一直是化妆品行业的翘楚。

二线品牌：

● 倩碧（Clinique）

倩碧（Clinique Laboratories，LLC.）于1968年创立于美国纽约，其推广的基础护肤三步骤世界闻名。1967年，纽约权威的皮肤科专家Dr. Norman Orentreich在接受Carol的专访中表示美丽不是只靠遗传而得，通过正确的护肤程序，即可改善肌肤状况。女性可以通过主动积极的护肤程序，也就是第一步——清洁；第二步——清理皮层；第三步——滋润，让肌肤处于健康自然的完美状态。这就是日后著名的"倩碧护肤三步骤"。同时也提出阳光紫外线是伤害肌肤的最大元凶，进而强调防晒的重要性。此理论一出，整个化妆界为之促动。也引起Estee Lauder雅诗兰黛家族的注意，不久便聘用Carol创办倩碧化妆品公司，并于1968年在纽约推出。他们在皮肤学专家指导下，通过过敏性测试，成功研制了第一个百分之百不含香料的护肤品牌，那便是Clinique（倩碧）正式创立之日。

三线品牌：Stila、品木宣言（Origins）、Prescriptives、Aveda。

彩妆品牌：芭比波朗（Bobbi Brown）、魅可（MAC）。

● 芭比波朗（Bobbi Brown）

Bobbi Brown由品牌创始人波比布朗，于1991年借10款自然色系唇膏打开了通往彩妆界最高殿堂的大门。当化妆师们一层又一层地在女人们的脸庞上摞起各色彩妆，遮盖了面部的瑕疵，让女人"脱胎换骨"的时候，这个与众不同的声音彩妆界"素颜革命"的序幕。简单、真实，是Bobbi Brown的哲学，她坚信"要教会女性感受并展现出自身最美丽一面"的理念，黑色简洁的包装，均衡排列的纤瘦字母设计，是其独有标记。在当时粉底液仍以偏粉红色为主时，她率先阐明，大部分人的肤色是黄色基底，也只有在此基础上调配出来的粉度，才能有效提亮肤色，并且自然，不留痕迹，不像面具。1995年，被Estde Lauder集团收购，开拓香水、护肤系列，完整了品牌的布局，并积极开拓全球市场，特别替亚裔女性设计了亮妍美白系列。

● 魅可（M. A. C）

M. A. C（Make-up Art Cosmetics）是国际专业彩妆的领军品牌，1985年，专业彩妆师暨摄影师 Frank Toskan 和经营连锁美发沙龙的 Frank Angelo，在加拿大多伦多共同创办了M. A. C彩妆品牌。M. A. C是"Make-up Art Cosmetics"（彩妆艺术化妆品）的缩写。许多彩妆大师推出自创品牌大多是因为市面上的化妆品不合专业理念和艺术创作所需，因此，Toskan着手开发一系列色彩、质感及工具都不同于其他品牌，适合舞台、电视、摄影，甚至就连走在街头也能够耀眼出色的化妆品。1995年，被雅诗兰黛集团收购，扩张了M. A. C在全球的销售渠道。现受全球化妆师、模特、摄影师和媒体的一致认同和称赞，在彩妆业界享有极其良好的口碑，被誉为专业彩妆第一品牌。

六、美国雅芳公司（Avon Products, Inc.）

美国雅芳产品有限公司（AVON Products, Inc.）1886年创立于美国纽约，是全美500强企业之一。雅芳是一家属于女性的公司，其目标是："成为一家最了解女性需要，为全球女性提供一流的产品以及服务，并满足她们自我成就感的公司。简言之，成为一家比女人更了解女人的公司"。作为世界领先的美容化妆品及相关产品的直销公司，雅芳的产品包括雅芳色彩系列、雅芳新活系列、雅芳柔肤系列、雅芳肌肤管理系列、维亮专业美发系列、雅芳草本家族系列、雅芳健康产品和全新品牌Mark系列，以及种类繁多的流行珠宝饰品。雅芳于1990年进入中国，为中国女性提供数百种各类产品，包括护肤品、彩妆品、个人护理品、香品、流行饰品、时尚内衣和健康食品等。

七、美国强生公司（Johnson & Johnson）

1886年，美国内战期间，担任过战地医疗工作的罗伯特·伍德·强生将军，和他的两个兄弟在美国新泽西州的新布鲁斯威克，共同开创了一个全新的事业——生产无菌外科敷料，并正式创建了强生公司，现在强生已成为世界上规模大、产品多元化的医疗卫生保健品及消费者护理产品公司。旗下产品包括：

1. 医药产品

针对领域包括：敏感及流行性/非流行性感冒、慢性支气管炎、消化系统治疗、头皮健康治疗、皮肤症状治疗、心理治疗、疼痛症状缓解、骨骼治疗、癌症治疗。

2. 医疗器材及诊断产品

针对领域包括：女性健康护理、糖尿病、微创手术、伤口缝合、心脑血管健康、骨骼健康、器械消毒、诊断类产品及服务。

3. 消费品及个人护理产品

针对领域包括：婴儿健康护理系列、成人护肤品系列、女性健康护理用品、视力保健产品、个人健康护理产品等系列。

八、德国威娜公司（Wella Group）

1880年，由德国企业家Franz Stroher先生创立，是一家主营美发厅专用产品的专业性跨国公司，并在全球的零售市场也占有相当的份额。1981年，威娜与天津第一日用化学厂签订了合资协议，成为第一家进入中国的西方美发企业。1995年，中方合作伙伴将其所拥有的股份卖予威娜，自此威娜中国转为德国威娜下属的独资企业，官方的全称为：威娜化妆品（中国）有限公司。1983年，威娜首次把"香波""护发素"等养发、护发新概念带到中国。1986年，波美冷烫精作为第一个专业产品进入中国美发厅，带来国际烫发标准在美发行业的第一次普及。

九、日本花王株式会社（Kao, Corp.）

日本花王株式会社由创始人长濑富郎创立于1887年，前身是西洋杂货店"长濑商店"（花王石硷），主要销售美国产化妆香皂以及日本国产香皂和进口文具等。2002年8月，花王株式会社（Kao）在中国创建了花王（中国）股份公司。目前花王产品涉及化妆品等600多种，大都是高分子化学品。公司虽然是一家百年老店，但十分注重信息技术的运用，花王中国的旗下已经拥有了"碧柔""乐而雅""诗芬""洁霸""花王""飞逸"等众多品牌，2004年更将享誉日本的高级化妆品"Sofina"（苏菲娜）成功引入中国。

十、美国露华浓公司（Revlon, Inc.）

露华浓公司由创始人查尔斯·郎佛迅、约瑟夫·郎佛迅兄弟和化学家查尔斯·郎曼于1932年创立于纽约。他们共同发明了一种特别的生产技术，即用颜料替代染料制成色泽艳丽的不透明指甲油，并调配出前所未有的缤纷色彩。这项成功的发明立即引起了巨大反响，给当时的女性带来了美丽与惊喜。今天的露华浓拥有全球的品牌知名度，高品质产品以及丰富的市场经验，旗下包括Revlon，ColorStay，New Complexion，Age Defying，Almay，Ultima Ⅱ，Flex，Charlie等品牌。注重实用性和创造性的设计相结合；融合完美的色彩和外形；优雅经典的线条；精心修饰细微之处，焕发完全女性特质，寻求对潮流的敏感的现代时髦风格。

第五章 化妆

第一节 化妆工具及养护

一、化妆工具

想要打造完美的妆容离不开各种造型的工具，所谓"工欲善其事，必先利其器"，良好的工具也决定着一个完美妆容的成败。一般专业品牌的化妆工具，价格相对也是比较昂贵的。无论是购买专业的化妆工具还是普通的化妆工具，在挑选的时候关键要注意：①毛质是否柔软，有弹性；②刷毛是否密实，不易脱落，修剪圆滑。

下面介绍一些必备的化妆工具供大家参考（见图5.1~图5.6）：

1. 粉底刷

粉底刷是涂抹液体粉底最专业、最好的工具，能完整地保留粉底的原有质地，操作灵活而且刷出的底妆厚薄均匀。

2. 散粉刷

散粉刷主要用于散粉的涂抹，使你轻松地将散粉在面部任何部位均匀而快捷地涂开。

3. 腮红刷

腮红刷用于将胭脂扫在颧骨处，使脸部立体且健康。腮红刷不宜太小，太小容易晕色不均匀，显得突兀不自然。

4. 脸型刷

脸型刷用于制造脸部立体及阴影的效果，修饰脸部轮廓，塑造理想的脸型。

5. 余粉刷

余粉刷用于扫去脸上多余的眼影粉、腮红粉、散粉等，使妆容更自然、更柔和。

6. 眼线刷

眼线刷通常用于膏状或液状的眼线产品或化妆的后期调整，适用于点画眼球周围之高光部位，使眼线笔勾画出来的浓重或生硬的线条变得柔和自然。常用眼线刷材质主要有：貂毛，尼龙和马毛。

7. 大号眼影刷

大号眼影刷用于在上眼睑处打基础色眼影，使眼影着色均匀。

8. 中号眼影刷

中号眼影刷用于眼影的中间层次的铺层，使上眼睑的浅色眼影和深色眼影过渡得自然、更融合。

9. 小号眼影刷

小号眼影刷用于强调上眼睑外侧和下眼睑轻微的润色，加重眼尾的调子，使双眸立体而有魅力。

10. 海绵眼影棒

海绵眼影棒材质为海绵，适用于涂抹颗粒较

图5.1

图5.4

图5.5

图5.2

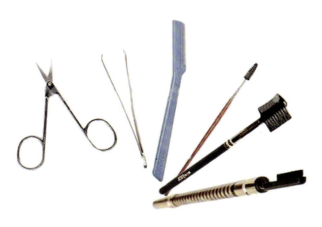

图5.3

图5.6

大的珠光眼影。

11. 眉刷

眉刷在修眉或描眉之前，用于扫掉眉毛上的毛屑，刷出理想的眉形；画眉之后用于晕开着色，使颜色深浅一致，自然协调。

12. 修眉刀

修眉刀用于修整杂乱的眉毛，使其凸显出理想的形状。因为眉毛生长速度较快，宜3～5天修整一回。

13. 眉剪

眉剪小巧锋利，刀尖微微弯曲为宜，用于修剪下垂及过长的眉毛。

14. 睫毛夹

睫毛夹是使睫毛弯曲上翘的化妆工具。睫毛夹的形状与眼部的凹凸一致，有大号和小号两种型号，小号一般用于眼尾，眼头等细部。

15. 睫毛刷

睫毛刷是使用完睫毛膏以后，用睫毛刷将睫毛从根部向上轻轻刷开，以免粘连，结块。使用完以后应及时清洁。

16. 唇刷

唇刷用于勾勒唇部轮廓，同时将唇膏均匀着色于唇部的小巧刷具，以毛质细软为宜。

17. 海绵块

海绵块也可用于涂抹液态粉底和膏状粉底。

18. 棉棒

棉棒用途广泛，可修改眼线、眼影等过界的部分，也可以用于晕染眼线，使其更自然，均匀。细微的瑕疵宜用尖细的那头以画圈的方式抹除，而不是简单的擦拭。

二、清洁保养

不管是专业的还是普通的化妆工具，尤其是化妆刷的寿命都与正确的清洁和保养分不开。而且化妆工具容易藏污纳垢，保持清洁，才能使皮肤避免感染，妆容更精致。化妆刷应该使用专业的化妆刷清洁品或者中性洗涤剂清洁和温水进行清洁，比如：洗发水、洗手液等。

（1）每次使用以后都应将刷毛上的残粉以"Z"字形在纸巾上扫净，避免滋生细菌。每星期一次用温水浸泡二十分钟左右，注意避开刷柄粘胶处，以免脱落。

（2）在手心倒入清洁用品，将化妆工具轻轻地浸润其中，以顺向方向轻轻揉捏，挤压出污垢，不要胡乱搓洗，以免破坏其弹性。如果是动物毛的刷具，清洁后最好使用护发素，以使毛鳞片良好闭合，避免毛燥。

（3）顺向冲洗干净以后，海绵块用纸巾将多余水分挤压干后，放在通风处自然晾干；毛刷则以手指抚平毛扫，避免开叉。将刷柄绑起来悬挂于阴凉通风处，自然晾干。注意保持工具原有的形状，避免暴晒。

第二节 化妆的基本步骤

化妆是一门涉及面较广的技术，更是美的艺术。要想熟练掌握，不仅要操作者拥有一定的美容知识和艺术审美能力，更需要多加练习，才能熟能生巧，塑造出美好的形象。

一、化妆的原则

化妆要因时、因地、因人而异，根据本身的年龄、气质、性格、肤色、着装等，针对不同的时间、场合、气候以及不同的社会潮流而选择适合的妆容。其主要的原则是：

（1）突出优点、掩饰缺点。根据脸型和五官，强调优点，同时掩饰缺点，运用视差使缺点"消失"，创造独特风格与气质。

（2）注重整体协调。注重妆容与服饰和发型的协调一致，从而获得整体、完美的效果。

二、化妆的基本步骤

洁面—爽肤—眼霜—乳液（精华）—面霜—（隔离霜）—粉底液（遮瑕霜）—散粉—眉毛—眼影—眼线—腮红—腮影—散粉定妆—睫毛膏—唇膏。

1. 洁 面
用适合皮肤类型的清洁用品清洁皮肤。

2. 护 肤
涂抹皮肤的保养品，包括爽肤水、精华、眼霜、乳液、面霜等。

3. 遮 瑕
针对黑斑、雀斑、疤痕、痘疤、痘印等，使用遮瑕膏或盖斑膏来加以掩饰。

4. 粉 底
非常重要的一个步骤，也是完美妆容的基础。根据肤色与肤质选择适合的粉底，使肤色均匀，通透、光滑。专业的化妆有时会使用几种颜色的粉底，通过面部的明暗差异，呈现出立体的效果。

5. 定 妆
根据妆容需要，选择珠光或哑光的蜜粉定妆、遮盖脸上的油光，可令妆容更持久柔和、精致，同时也使肌肤显得更细腻滋润感，尤其适用于生活妆。

6. 画 眉
根据脸形和喜好确定眉形并修剪成形，再以眉笔或眉粉加以修饰。

7. 眼 影
用两到三种不同深浅的颜色涂抹在上眼睑、眼尾、眉弓骨等处，使眼睛明亮而有神，呈现出立体的效果。

8. 眼 线
上眼线由内眼角开始，向外眼角处描画，下眼线从外眼角向眼部中央描画。

9. 睫毛膏
将睫毛膏按睫毛生长方向以"Z"字形向上提拉，均匀涂抹每一根睫毛，一般生活妆下睫毛不涂睫毛膏。

10. 腮 红
一般来讲将腮红涂抹在笑肌的位置，增添面部的血色，使面部红润，健康。具体位置视脸形而定。

11. 涂口红
先用润唇膏打底，滋润，然后用唇线笔描画，再用唇刷或口红棒涂抹，最后用唇彩。

第三节 局部化妆

在讲具体化妆方法之前，先让我们来了解什么是标准的脸形。我们平常说"瓜子脸、鹅蛋脸"是最美的脸形，从标准脸形的美学标准来看，面部长度与宽度的比例为1.618∶1，这也符合黄金分割比例。我国用"三庭""五眼"作为五官与脸形相搭配的美学标准："三庭"是把人的面部长度分为三等分，发际线到眉峰、眉峰到鼻根、鼻根到下巴底部的距离应该大体相等，称为"三庭"；"五眼"是把人的面部宽度分为五等分，眼睛的宽度正好是其中1/5（见图5.7）。

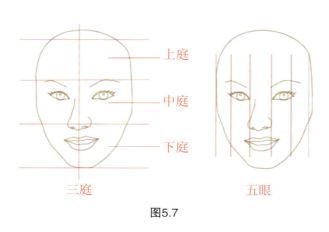

上庭

中庭

下庭

三庭　　　　五眼

图5.7

一、基面化妆

脸部化妆的基础，主要的内容是打粉底和定妆。

1. 打粉底

（1）使用粉底刷涂抹。在虎口处挤出硬币大小的粉底，用粉底刷蘸取适量粉底，以画"×"的方式在面颊、额头、下巴和鼻子部位反复轻刷。握刷的时候注意，在刷脸颊、额头、鼻子和下巴等面积较大部位时，粉底刷与皮肤的角度保持在30度左右，而在刷鼻翼、眼周、嘴角等部位的时候，需要一字形轻刷开，将粉底刷竖起来，刷头才能很灵巧地照顾到这些细小部位，不会造成厚重、不均匀的现象。由于粉底刷的刷头弹性

很大而且相对较硬，所以用力的度一定要把握好，太轻容易有刷痕，太重会刷得很不均匀，在脸上留下一道道的痕迹；在蘸取粉底时，千万不要一次蘸很多，蘸太多就很不容易涂匀，造成厚薄不均。发际线处向里推开，最后用大号的海绵块轻轻按压整个面部，使粉底更服帖，更细致。

（2）使用海绵块涂抹。用海绵涂粉底最好将海绵浸湿，然后用纸巾包裹住海绵，将多余的水分轻轻挤压干，因为干的粉扑会反吸掉粉底中的水分导致底妆太干；但太湿也不行，八成湿最适合。涂抹时用海绵蘸取粉底，在额头、面颊、鼻部、唇周和下颌儿等部位，采用点拍的手法，由上至下，涂抹均匀。在鼻翼两侧、下眼睑、唇周围等海绵难以深入的细小部位可以将海绵叠起或者用小边角来涂抹，同一个地方最好不要点拍过多次，以免厚重。同样要注意的是各部位的衔接一定要自然，不能有明显的分界线。

2. 定妆（见图5.8）

使用定妆粉可以有效抑制油脂分泌，有助于提高彩妆对皮肤的附着度。粗大的毛孔也可以得到一定程度的收缩。脸颊内侧等部位的皮肤，因此它的使用和粉底不同，应从容易掉妆的部位开始。用干粉扑或散粉刷将蜜粉首先扑在容易掉妆

图5.8　　　　　　　　　　**杨国志 摄**

的T字区，然后再向整体均匀散开。用尽可能大的粉扑，薄薄地打在皮肤上。碰到细小的部分需要将粉扑折起来，更细致地涂抹。用定妆粉轻轻拍打容易脱状的下眼睑皮肤，但不要用粉扑在妆面上来回摩擦，这样会破坏粉底。粉底防止脱妆的关键在于鼻部、唇部及眼部周围，这些部位要小心定妆。最后用余粉刷将多余的定妆粉扫掉，动作轻柔，以免破坏妆面。在易脱妆的部位可进行几遍定妆。混合性和油性肤质要注意，在T字区只需打上极薄的一层，用厚厚的粉去勉强遮盖，只会令整张脸变得又脏又花。

二、眉

1. 标准眉形（见图5.9）

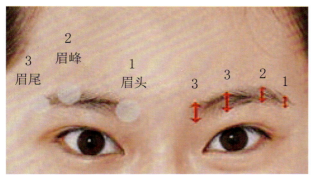

图5.9

人的眉毛是一种短毛，它不像头发那样长得很长。眉毛内侧称眉头，尾部称眉尾或眉梢，最高点称眉峰。人的眉毛各不相同，有很多人的眉形都长得并不标准。有的人眉毛过长，有的人眉毛过短，有的人眉毛稀疏，甚至似有似无。有的人两眉生长得太近，给人以不够开朗之感。眉尾上吊会使人感到凶狠；眉尾下垂则使人感到愁眉苦脸。这些眉形该怎么修饰呢？而流行时尚也在千变万化，于是在选择什么样眉形上，有人盲从，有人苦恼。那么什么样的眉形是标准的呢？

眉毛位于上眼眶上缘上方，自内向外呈弧形。眉毛中内侧较密而圆，外侧较稀疏，亦即"内密外稀"。眉头在内眼角的正上方；眼睛平

视前方时，瞳孔的外延线上就是眉峰的位置，大概是眼睛正上方2/3处；眉尾在鼻翼与外眼角的延长线上，高度在眉头与眉峰的中间。基本都是眉头清淡自然，眉峰颜色突出，眉尾自然流畅的。一般来说女性的眉应该细窄而稍稀，形如柳叶或初三的月亮，这样的眉形在女性显得美而秀气，常被喻为"娥眉细眼"；男性粗而稍密，常被形容为"浓眉大眼"，才能显有男性的阳刚之气。

2. 修整眉形（见图5.10）

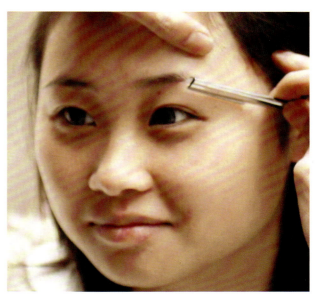

图5.10　　　　　杨国志 摄

眉毛剃掉后还可以重新长出，但若长期拔眉也有可能破坏毛囊，使眉毛不再生长。所以，坚持修眉、拔眉，可以美化眉形。

（1）根据脸形和喜好确定眉形以后，用笔大概画出眉头、眉峰、眉尾的位置，甚至整个轮廓线，熟练以后，也可不画位置，目测修整。

（2）用修眉刀或镊子去除眉形以外多余的眉毛。若用镊子拔眉，应用手将眼皮轻轻绷平，用镊子夹住眉毛根部，用巧劲快速拔除。若用修眉刀刮除眉毛，因无法去除根部，因此眉毛的生长速度较快，应注意勤于修整，以保持眉形。

（3）用眉刷将眉毛梳理成形，并剪掉过长

或下垂的眉毛（见图5.11）。

图5.11　　　　杨国志　摄

3. 眉　色

眉毛的颜色应与头发和瞳孔的颜色相协调，比发色稍浅一点或介于发色和瞳孔颜色之间为最佳，忌太黑或泛红的咖啡色。东方人的眼珠多是棕黑色，因此深棕色适合大多数人；黑色适合头发粗硬浓密，且瞳孔颜色较深者；灰色适合头发偏黑，或喜欢传统效果，年龄偏大的人群。

4. 画眉（见图5.12）

图5.12　　　　杨国志　摄

若眉形有缺陷需要弥补，用眉笔描画最佳；若眉形良好，只需要强调则可用眉粉；若要改变眉色，则要用到眉胶。眉笔要削的尖利或扁平。画眉要像梳理羽毛般一笔一笔，细细地描画，切忌一条线拉出一条眉毛，会显得生硬，不

自然。

（1）从眉腰处开始，顺着眉毛的生长方向，描画至眉峰处，颜色由浅至深。

（2）从眉峰处开始，顺着眉毛的生长方向，斜向下画至眉梢，颜色由深变浅。

（3）在眉头处进行描画，笔触轻柔，颜色浅淡自然。

（4）用眉刷轻轻梳理整条眉毛，使眉色均匀柔和。

5. 不同脸型的眉形（见图5.13）

眉是脸部最重要的五官之一，必须以脸型为基础，选择适当的眉形。当然不同的妆容，眉形也有细微的变化。

（1）长脸型。眉形的弧度应平缓柔和，不宜太细，可适当横向拉长，平衡脸型。

（2）圆脸型。眉峰高挑上移，并有力度，在视觉上将脸拉长。

（3）方脸型。眉峰高挑中移，但需柔和。

（4）上宽下窄的脸型。眉形应略短，眉头可略粗，眉尾稍细，适宜柳叶眉。

图5.13

（5）上窄下宽的脸型。眉峰外移，眉形要大方、平缓、舒展，增加额的宽度。

三、眼

眼部是心灵的窗口，是面部表情最丰富的地方，是整个妆容的亮点，想让双眸大而清澈，散发诱人魅力，可以将能赋予眼部立体感的眼影以及能加深眼部印象的眼彩、眼线、睫毛夹和睫毛膏等组合起来使用。当然，想要塑造出漂亮的眼妆，颜色的选择也十分重要。

1. 画眼线

画眼线可使眼睛明亮有神，更能矫正眼型。

（1）首先在睫毛根部，用眼线笔小幅度地来回移动给睫毛间隙描上颜色（见图5.14）。

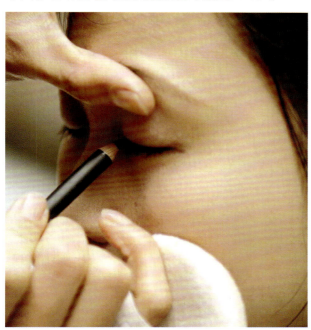

图5.14　　　　　杨国志 摄

（2）在贴近睫毛根部的地方描画，上眼线从内眼角开始，线条由细逐渐向外眼角处加粗，加深。下眼线从眼尾向内眼角描画，画到眼部中央的时候可适当细淡一些。上眼线与下眼线的色调比例为7∶3，内眼角处与外眼角处的色调比例为3∶7。生活妆，为了让妆面看起来更加自然，也可不画下眼线（见图5.15）。

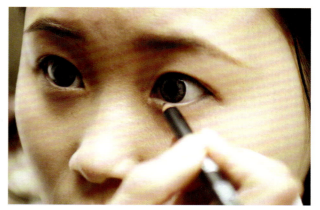

图5.15　　　　　杨国志 摄

（3）若用眼线笔描画眼线，最后可用棉棒，轻轻加以晕染，会使眼线更自然，均匀（见图5.16）。

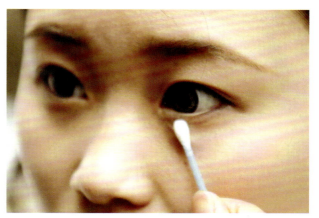

图5.16　　　　　杨国志 摄

2. 画眼影

在现代时尚流行趋势下，眼影的颜色和妆容风格都日趋丰富，因此，如何选择适当的颜色，使妆容与服饰相协调，又能展现个性魅力，是整个化妆的重难点，也是需要反复练习才能掌握的技巧。

通常我们把高光色、基础色（又叫影色）、强调色三位一体叫眼影。高光色为浅色或亮色，一般用在希望放大、突出、膨胀的地方，如眉骨上方、内眼角等处。基础色可以是任何一种色彩，用时应考虑服装、肤色、腮红、唇膏的颜色搭配，一般用在整个眼窝处。强调色一般为深色，用在基础色上方，强调眼影的立体效果。

（1）在眉弓骨、内眼角处，涂上高光色提亮。因亚洲人的肤色为黄色，故高光色最好不要选用纯白色，宜以米黄，米白为佳。

（2）用基础色涂满整个眼窝，注意均匀。外眼角处颜色最深，内眼角上端凹陷处颜色也可以适当加深（见图5.17）。

图5.17　　　杨国志 摄

（3）用强调色沿睫毛根部向上涂抹，由外眼角向眼睛中部逐渐晕染，变淡。过渡要自然，无明显痕迹。

（4）下眼睑用基本色或强调色由眼尾向内眼角方向，由深至浅，细细晕染至1/3处即可（见图5.18）。

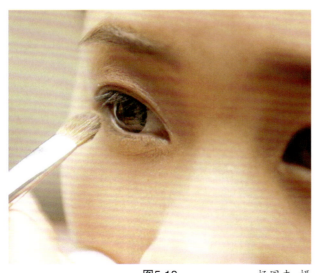

图5.18　　　杨国志 摄

3. 睫毛的化妆

睫毛的修饰能为眼部化妆起到画龙点睛的作用，是不可忽略的一步。浓密卷翘的睫毛会使眼睛更有神采。通常我们采用睫毛膏对睫毛加以修饰美化，但近几年越来越多的假睫毛也流行开来，尤其是在舞台妆、摄影妆中运用普遍。

（1）涂睫毛膏。

① 夹睫毛。大多数的睫毛自然生长的形态都是直的，甚至有些下垂，并非我们想要的向上卷翘，所以首先需用睫毛夹将睫毛夹成上翘状。夹睫毛的时候，眼睛向下看，使睫毛夹与眼睑的弧线一致，用一只手轻轻抬起上眼皮，另一只手持睫毛夹夹住睫毛根部，轻轻用力按压一会儿（如睫毛较硬者，此步骤可重复做几次，直到达到想要的效果），再夹住睫毛中部，轻轻用力按压一会儿，取出睫毛夹的时候，稍微向上用力提起来形成自然的弧度（见图5.19）。

图5.19　　　杨国志 摄

② 刷睫毛膏。根据需要选择适合的睫毛膏，也可以选择不同功效的几支睫毛膏，一般来讲，不同功效的睫毛膏一起使用时，应先使用纤长效果的睫毛膏，后使用浓密效果的睫毛膏。涂睫毛膏之前最好先使用睫毛滋养液（见图5.20）。

图5.20　　　　　　杨国志 摄

涂上睫毛时，眼睛向下看，一手将眼皮轻轻抬起，一手将睫毛刷横向由睫毛根部下方"Z"字形向梢部涂抹（见图5.21）。

图5.21　　　　　　杨国志 摄

然后再将睫毛刷竖起来，将睫毛一簇一簇的由根部向梢部再刷一次。涂下睫毛时，眼睛向上看，将睫毛刷竖起来，横向左右涂抹（见图5.22）。

图5.22　　　　　　杨国志 摄

生活妆中也可不涂下睫毛。涂睫毛时，动作要稳，否则容易弄画眼影。如果是新手，也可先用棉棒横起来隔在上眼皮睫毛根部再刷睫毛膏。

③ 睫毛膏可反复多次涂抹，以达到希望的浓密效果，但睫毛容易粘连，涂完睫毛膏后，应用睫毛刷将睫毛仔细梳开。

（2）戴假睫毛。

① 修剪。新的假睫毛一般都长于眼睛的长度，不经修剪无法佩戴。应先将假睫毛掐头去尾，修剪至短于眼睑长度约3～4mm为宜。

② 在假睫毛根部涂上专用胶水，用镊子夹住假睫毛，待胶水稍干，将假睫毛沿睫毛根部，与睫毛中部贴合，再将两端调整弯曲分别与眼头眼尾的睫毛根部处贴合，轻轻按压一会儿即可。

③ 若粘胶处有痕迹，可在假睫毛根部描一条眼线。最后用睫毛膏将假睫毛与本身睫毛一起涂上一层睫毛膏，可使之更自然。

4. 不同眼形的画法

（1）内双眼皮的画法。强调色从睫毛根部画至眼窝凹陷处，眼睑处深，眼窝处浅些。 在下眼睑处涂抹相同的眼影色，调整眼影色的深浅。用眼线笔紧贴着睫毛根部，填涂上眼睑的睫毛空隙，要描画均匀。画下眼线时，只画眼尾部分，中间的地方要保留。

（2）单眼皮的画法。基础色涂于整个眼窝可溶进高光色里，在眼头涂上些明亮的颜色，强调色沿睫毛根部向上由深至浅晕染开。眼线在黑眼球的正上方要做加强，可加粗加深，眼尾处可稍稍向上带起，在眼尾处不可相交。

（3）小眼睛。在整个眼皮部位涂上亮色眼影，从眼线的1/2处往后涂上深色眼影，下眼睑眼尾往内眼角1/3处涂上同样眼影，使眼角显得更修长。上眼线可适当加粗加深，增加眼睛的神采。

（4）圆眼睛。上眼线要适当拉长，眼睛中部细，内眼角和外眼角处适当加粗加深一些，但不要太多，下眼线强调眼尾的部分。在上眼睑尾部涂上深色的眼影，使眼睛看起来修长。

（5）两眼间距较小。可在眼角到眼睛中间的部位涂上些明亮的颜色，并加深眼角的颜色，不要画内眼角。眼线靠近眼尾强调3/4处。

（6）上翘的眼睛。上眼线眼尾画得细一些，眼睛中央画得粗一些，下眼线在眼尾处加重，可适当浓一些，宽一些。眼影加强外眼角的下眼影和内眼角的上眼影。

（7）肿泡眼。不能选用粉色系的眼影，适宜色彩深些的眼影，用渐变的方法向上晕开，注重眉弓骨的提亮。眼线不宜过浓，可适当选择画上眼线眼尾部分。

（8）凹陷眼型。除在眉骨处提亮外，在凹陷处涂抹上浅色或亮色，减轻眼部的深邃感。中间色不能太深。

四、鼻

人的鼻子居于脸庞的中心，占有十分重要的地位，对整个容貌的立体感的影响很大，尤其是亚洲人的鼻子通常有些扁平，不够挺，所以要想获得理想的妆容效果，鼻子是千万不可忽视的部位。

（1）大鼻子。颜色深浅是调整鼻子大小的关键。将深于肤色的鼻影，从鼻根近眼角处延续到鼻翼，注意颜色要一点一点加深，不可一次用得过重，以免看起来生硬。用浅于肤色的明亮色涂于鼻尖，鼻梁不必涂得太宽太亮。深色具有收缩感，能在视觉上给人以鼻子变小的效果。

（2）小鼻子。在鼻翼上涂浅色的眼影粉，使眼睛靠鼻子更近，鼻翼和鼻尖连成一体，给人以饱满的感觉。在鼻梁和鼻尖上涂浅于肤色的亮色，亮色不要涂得太窄。

（3）长鼻子。偏长的鼻子容易使整张脸看起来太长，不够柔和。使用鼻侧影时，应由外向内眼角涂，选较淡的颜色，向下不要延续到鼻翼。

降低眉头的高度可以使鼻根相应偏低，在画眉毛时，眉头要加画几笔，或在眉头下涂上与鼻影颜色相近的眼影。鼻影的颜色比眼影稍微淡一些，不要延伸至鼻翼。

（4）短鼻子。短鼻子容易给人脸型偏短的印象。在使用鼻侧影时，应从下向上将鼻侧影上染至眉尖，向下延染至鼻翼。能够造成鼻子长度增加的感觉。在鼻侧影处涂深颜色，鼻梁涂一窄条亮色，可以使鼻子显得加长；另外，在画眉时，把眉头稍向上抬，将鼻侧影从眉尖涂至鼻翼，也能产生同样的效果。

（5）塌鼻梁。塌鼻梁的人看着往往给人以面部呆板的感觉，在选用鼻影时，应尽量选用与肤色相比深一号的颜色。在鼻梁两侧涂上阴影色，让鼻侧影上端"委婉"地与眉毛衔接，两边与眼影混合；再从鼻根到眉头抹深棕色眼影，然后在两眉之间的鼻梁上抹一道亮色眼影，并尽量向两侧晕开，阴影与亮色形成鲜明的对比，原来低陷的鼻梁就会显得突出起来。

五、腮红

腮红是面颊的重要修饰方式，能使人面色健康红润，对脸型也有矫正作用。腮红的颜色应根据眼影和唇膏的颜色而定。涂抹腮红时，不能一次涂得太厚，应一层一层逐渐加重，中部颜色可稍深，四周颜色逐渐变淡至消失，不能有明显痕迹（见图5.23）。

不同的脸型的腮红画法：

（1）圆脸。在笑肌处轻轻扫上一层腮红，用暗一些的修颜粉扫在太阳穴和脸侧，塑造轮廓，在下颚中心和鼻中隔涂一些亮色的修颜粉，拉长脸型。

（2）方脸。将腮红扫在颧骨上，用深色修颜粉扫在额头边缘以及下颚的边缘，在额头、鼻梁和下颚中心涂一些亮色的修颜粉，将焦点集中

图5.23　　　　　　杨国志　摄

在脸的内轮廓上。

（3）鹅蛋脸。标准脸型，适合多种腮红涂抹方式，也可以将腮红涂在面颊中间稍高的位置，在眼睛下方，可显得年轻闪亮。

（4）大脸。将腮红从耳下向颧骨方向轻轻扫过，再由颧骨向耳后的方向扫过，使腮红连成一个三角形。

六、唇

标准的唇形，上下唇的比例应为1：1.5，两个唇峰的距离为1cm左右，嘴角与眼球的内缘在同一条直线上。如果唇形不够漂亮，只能依靠唇线笔来修饰唇形。而现在有好多人误认为使用唇线笔和口红，不够时尚，显得老气，事实上，唇线和眼线一样，只要选对了颜色，唇线笔能使唇妆持久，不易脱妆，更能修饰出完美的唇形。尤其是正式场合或精致的彩妆，唇线是必不可少的，当然在日常生活中或是休闲场合，不画唇线也是可以的。唇膏的颜色要根据肤色、服装和场合而定，通常深色的唇膏适合正式场合，浅色的唇膏适合休闲场合。

1. 唇的化妆方法

（1）根据妆容的需要确定出唇形，或按标准唇形，定出唇峰，唇角，下唇厚度，然后用唇线将定出的几个点连起来，勾勒出唇形。

（2）用唇刷蘸取唇膏沿唇线涂满唇部，并仔细盖住唇线，一丝不苟地勾出清晰的边缘，不可让唇膏溢出唇线之外。上下唇角可选用深些的颜色，中间可使用同色系浅亮一些的颜色，使唇部充满立体感。用纸巾含在唇上，轻轻抿去唇膏，如此反复几次，可使唇妆更持久。

（3）用亮色的唇彩或唇釉点亮唇部中间，使唇部拥有迷人的光泽（见图:5.24）。

图5.24　　　　　　杨国志　摄

2. 唇形的修正方法

（1）薄唇。改变薄唇要用接近于嘴唇本色的粉褐色唇线笔，画出大于嘴唇本来轮廓的唇线，在唇的最中央描出柔和的曲线，但不必画到嘴角。可用深一些的唇膏涂满嘴唇，不可让原来的唇线透过来。然后再在唇中央涂上一点亮光唇膏，使嘴唇显得丰满一些。

（2）厚唇。可用遮盖霜将嘴唇本来的轮廓线盖住，重点是上下唇线都要画在嘴唇本来轮廓的内侧嘴角两边，比原来轮廓分别向两边画出1mm。这样，整个嘴唇的线条显得平滑，能使厚嘴唇变薄。用暗色唇线笔在嘴角处加上阴影，能使双唇更平滑。唇膏的颜色不宜太鲜艳，以免暴露缺陷和修改痕迹。

（3）唇型上下厚度不同。使用两种颜色的唇膏做调整是最好的方法。厚唇涂深色唇膏，浅色涂在薄唇上。还有一种遮盖和强调的方法也非常有效，在厚唇上用遮盖霜掩饰嘴唇本来的轮廓，然后在原轮廓线内侧画唇线，薄唇部分在轮廓稍外侧画唇线，最后在唇线内涂满唇膏。

（4）嘴角下垂。画唇线时，上唇线画在外唇线，下唇线画在内唇线，颜色比上唇线深一些，形成一个倒三角，缓解嘴角的下垂感。

第四节　范例妆容讲析

一、生活妆（见图5.25和图5.26）

生活妆属于写实性化妆的一种，大致可以分为生活职业装、休闲装和生活时尚装这三种。生活妆普遍应用于人们的日常生活和工作，在自然光下要求清淡柔和，略带修饰，突出人物与众不同的个性气质。

妆容要点：

（1）粉底要薄而透。用接近皮肤的自然色粉底液打造出皮肤的自然光泽。针对肤质较差的也可适当用遮瑕膏，但不宜过多。定妆最好用粉刷蘸取适量蜜粉，点拍于面部。

（2）眉毛和眼线要自然。描画时线条要细腻，柔和，干净简洁。眼影用色多选择弱对比的色系，避免显得妆面生硬失真。唇彩和腮红多用粉色系。

（3）注意眼睛。眉毛、唇、腮红之间的色彩次序，要有主有次，可以适当取舍，不宜面面俱到。

图5.25 化妆前　　　杨国志 摄

图5.26 生活妆　　　杨国志 摄

二、晚宴妆（见图5.27和图5.28）

由于现代生活品质的日益提高，晚宴妆是我们生活中不可或缺的重点妆容。它多用于宴会中，所以造型可适当夸张，妆色也可选择时尚流行的色彩，塑造出轻松浪漫或冷艳妩媚的效果。

妆容要点：

（1）要有一定的视觉效果，晚间的活动通常妆面较浓，强调面部的立体感。所以粉底需选择遮盖力较强的，比肤色亮一度的粉霜。外轮廓也可适当加以阴影色，但脖子与肩也要注意颜色的统一。

（2）眉毛、眼线可适当夸张与放大，眼线可用眼线液或眼线膏加以矫正，眉色一般多用棕黑色，眼影可加入珠光粉和亮片，起到耀眼的装饰效果。另外，假睫毛是最有杀伤力的"武器"，不同款式的假睫毛可以营造出迷人的效果。

（3）口红和腮红也选择带金属光泽的，如金铜色系和艳丽的色系。在脸上局部使用水钻和亮片，可以起到画龙点睛的作用，但整个妆容的重点应设定一至二项即可，不得有过多绚丽的装饰，以免整个妆容显得俗套。

图5.27 化妆前　　　　杨国志 摄

图5.28 晚宴妆　　　　杨国志 摄

三、新娘妆（见图5.29～图5.32）

现代中国的婚礼也大都采用西方礼服，中国礼仪，所以新娘的造型成为整个婚礼的重点。新娘妆大致分为婚庆和摄影两种。应以持久、光艳照人、富有喜气感为原则。

妆容要点：

（1）新娘妆的重点在于底妆。在婚礼前几天就应该使用针对自己肤质的精华素，粉底应以新娘专用粉底（以粉红色系为主），色号也应该比肤色浅一度为佳，但不可过白。脸大的人应选择深一度的粉底，斑点和疤痕一定要用遮盖笔一一修正。

（2）眉毛和眼线则应该柔和委婉，眼线可适当拉长，突出女性的柔美。随着时间的改变，如今的新娘妆一切以自然明亮为主，但也应配合个人气质。所以眼影颜色由以前的暖色系逐渐扩大到冷色系。

（3）腮红和口红则多选粉红、粉橘色系，突出新娘的可爱。

（4）珍珠闪粉越来越多地被使用到妆面和身体的修饰部位。

图5.29 新娘妆（a）　　　　　　　　　　　杨国志 摄

图5.30 化妆前　　　杨国志 摄

图5.31 新娘妆（b）　　　杨国志 摄

图5.32 新娘妆（c）　　　杨国志 摄

四、复古妆（见图5.33～图5.38）

20世纪60年代的复古妆容在近几年的时尚美容中大行其道，与其他的甜美妆容不同，复古妆更具时尚意味，更能彰显女性的性感妩媚。其复古的造型、神秘的妆彩、冷艳的感觉，成为了时下寻求前卫装扮的女人们心中的榜样。

1. 让肌肤拥有透明的贵族感

想拥有20世纪60年代贵族的感觉，皮肤的白皙与透明就显得非常重要。若要皮肤显出整体的透明感，光线打上去能"反射出光泽来"，秘密武器就是妆前底霜。使用带点珠光效果的底霜，不仅能把你的皮肤提亮整整一个色号，还会"填平"毛孔凹凸和细小的缺水纹，为接下去的粉底铺平道路。建议可以在化妆前做一个保湿面膜，如此，能改善皮肤的状态，让妆容更加服帖。

2. 强调睫毛的浓密效果

复古妆的重点，依然在双眸。只有浓密的睫毛，眼睛看起来才深邃有神。如果你的睫毛不够长，可以选择那种浓密型睫毛膏，另外，用大一点的刷头刷上去的睫毛液会更浓密。如果一层不够可以多刷几层，或者在之前先刷一遍透明睫毛膏，以拉长睫毛。

3. 眼 影

眼影可以选择金棕系列，同时以层次法晕染，突出双眼轮廓。

4. 唇部遮瑕膏

因为要求精致，一道一道的唇纹自然不能继续留在双唇上。在涂抹唇膏之前，先将遮瑕膏与润唇膏混合均匀后涂抹在双唇上，可滋养干燥的双唇，并有效淡化唇纹，遮瑕滋润一举两得。

5. 极端唇色

淡淡的粉红色绝不能打造出复古妆的理想效果，不妨大胆起用饱和度颇高的红色唇膏或唇彩。玫瑰红、大红、中国红都可以搭配不同肤色营造出明艳高贵的唇妆效果，而其中，玫瑰红更是适合不同肤色的百搭色彩。

图5.33 杨国志 摄

图5.34   杨国志 摄

图5.35　　　　　　　　　　　　杨国志 摄

图5.36　　　　　　　　　　　　　　　　杨国志 摄

图5.37   杨国志 摄

图5.38   杨国志 摄

五、创意妆（见图5.39～图5.47）

创意妆指在化妆的过程中把更多的外界元素渗入妆面上，以形成更好的效果，从而达到一种创新的化妆概念。在化妆学习中创意无疑占有举足轻重的地位，巧妙地将科技与文化、外表与内涵、理性与感性以及有形与无形结合起来，恰当地运用创意思维于化妆学习中是化妆学习者的核心技能之一，化妆学习的最大价值也正体现在创意思维于化妆中的运用！

除了天马行空的想象力之外，在创意化妆的领域里，更重要的是人，无论艺术化妆或创意化妆都要运用到人体，所有的创意都必须以人体结构、黄金比例为前提，才能将创作素材置于人体五官之上，才能将比例、色彩及线条等彩妆的构成元素表达出智慧的美感。

创意化妆的设计分为3个层面，首先是将设计灵感转换为化妆创意，而后则运用素材来产生视觉效果，同时发挥美术概念，真正的创意是以美术基础来表现创意对化妆与影像所产生的冲击，是结合美术素养，并开创视觉创意的化妆设计。

当然，着手创意化妆时，可以运用一般的绘画概念，但绝对不能把人体视为一张平面的画布，创作者必须将创意与人体这种元素结合，将创意素材置放在正确的人体部位，视觉美感便自然产生。

图5.39　　　　　　　　　　杨国志 摄

图5.40   杨国志 摄

图5.41　　　　　　　　　　　　　　　　　杨国志 摄

图5.42

杨国志 摄

图5.43 杨国志 摄

图5.44   杨国志 摄

图5.45 　　　　　　　　　杨国志 摄

图5.46　　　　　　　　　　　　　　　　杨国志 摄

图5.47　　　　　　　　　　　　杨国志 摄

六、彩妆表演（见图5.48~图5.53）

图5.48　　　　　　　　　　　屈培泉 摄

图5.49　　　　　　　　　　　屈培泉 摄

图5.50　　　　　　　　　　　屈培泉 摄

图5.51　　　　　　　　　　　　　　　　　　屈培泉 摄

图5.52　　　　　　　　　　　　　　　　　　屈培泉 摄

图5.53　　　　　　　　　　　　　　　　　　杨国志 摄

七、彩妆设计花絮（见图5.54～图5.58）

图5.54 　　　　　　杨国志 摄

图5.55 　　　　　　杨国志 摄

图5.56 　　　　　　杨国志 摄

图5.57　　　　　　　　　　杨国志 摄

图5.58　　　　　　　　　　杨国志 摄

第六章　发型设计

发型依附于人的头部，是人物形象中不可或缺的一个重要环节，发型不仅要有本身的特殊美感与实用性，同时必须考虑与人的脸和体型相协调，并与人的妆型和服装的整体艺术风格相统一。

一、头发的基本素养

1. 头发的组织结构

头发的组织结构是由头发直径的大小决定的，与头发的密度是两个完全不同的概念，千万不可混淆。从直径的大小来看，头发的组织结构分为以下3类：

（1）幼细的头发。幼细的头发缺少硬度，因此不需要经常加卷、烫发或染发。它很容易受到空气中的湿气和静电的影响，受到太阳照射容易变得干燥脆弱。修剪度为0°，平直的发型将保证设计对象能满意，保养相当方便，特别是在极端潮湿的地区。幼细的头发所需的工具有：直径小一些的发芯、发针等。

（2）中等精细的头发。这种头发有足够的硬度，适合大多数发型，当设计卷发时，自然的卷曲和烫卷都同样需要，以求简便保养。

（3）粗发。粗发容易使头显得庞大，特别是当头发密度大的时候，从头皮生长出的角度及其生长方向，都是为这类头发选择最佳设计时值

得考虑的因素。蓬松、柔软的设计最适合粗发，允许额外长度以弥补生长形式的不足，头顶上的修剪角度应该在135°～180°，或者在这些地方均匀地去薄，以减少头发的量感，发型工具直径应大些。

2. 头发的密度

头发的密度是指每平方英寸头皮的头发数量。正如世界上没有完全相同的两片树叶一样，不同的设计对象的头发密度也不会完全相同，通常人的头部不同区域的头发密度也不相同。进行发型设计时，要注意发量的均衡。

3. 头发的长度

在进行发型设计时，我们需要考虑三个主要位置的长度：正、侧、后的度。

在正面、侧面和后面可以是不同的，正面的头发长度是由人的面部结构特征来决定的，而人的颈部的长短决定了侧面头发长度及设计，决定了脸的显露和遮盖量。以后面的头发长度为单位，可以将身体高度分为几个部分，当身体的划分少于3个部分时，要掌握好平衡。例如：高个子人的头发长度要比矮个子的长。

4. 生长角度

此处是指头发从头皮生长出来的角度。它的范围在30°～90°。头发的角度越接近90°，即头

发越垂直，朝向任何方向的梳理越容易。生长出来的头发角度越小，改变方向就越困难。

5. 生长形式

发杆离头皮的方向决定了生长形式的方向，应按照自然生长的形式进行设计。设计的发型与该处的自然形式相反，将会使该部位的高度增加，如前额，结果是前额在视觉上高度增加。头皮的生长方向几乎对中长发没什么影响，因为头发受地心引力的吸引而使发杆下垂。当设计一个短发时，通常根据自然生长形式设计发型。

6. 下垂线

下垂线是由姿态、头的位置、头发生长的角度、方向、长度和组织结构来决定的。当头发还是干的时候，让其转动或摇摆头，可看到一个自然下垂线。当头发湿的时候，头发的下垂线及活动都与干时的情况不同，这时的自然下垂线仅仅对较长的头发有影响。一般短发受重力的影响不明显，因此没有下垂线。

7. 卷　发

卷发的根本在于支撑及数量，并决定发型设计的最后结果。卷发有两种情况：一是头发是自然卷曲的，二是在设计制作过程中通过化学反应等技术手段创造出来的。这种发型在设计制作时，一定要留出额外的长度用于卷的收缩，额外长度是与卷发的长度成正比的，宽波纹要比窄波纹收缩力度大。

8. 发　质

人的发质情况是直接影响头发的质感和光泽以及成型的效果。烫发和染发都会对头发本身造成一定的伤害，这些影响直接对头发造成以下损伤：脆弱、软、易断、缺乏弹性、硬、多孔细胞结构分布不均、无光泽。

发质差的人，建设可以用一些填补、恢复的以及使头发变硬的护发素，同时考虑一个中等长度的发型，有层次的卷发。卷发可以掩盖头发干燥的缺点，层次有助于反射更多的光泽。

对于人的面部五官比例等结构特征，我们也要有一个熟练的掌握。正常的面部结构是指人的面部五官等部位之间存在的一种相互协调的体量配置关系，亦即正常的结构比例，如两只眼睛的连线处于整个头发的1/2处，发际处到眉毛的长度、眉毛到鼻底的长度、鼻底到上颌底的长度相等。

二、头发的护养

头发的护养，要根据头发的性质进行不同的处理。

1. 中性头发的护养

正确的护理主要是保持它的平衡，不能过分去保养（如油过多）和过于粗暴对待，那样会伤害它们。

正确的护理一般是一周洗一次。如果生活在环境较差的城市，那么就必须四五天洗一次头。每月用植物油洗一次头，保持干净健康的发质。洗发剂要选用低碱性的，亦可用婴儿洗发剂，它没有副作用。梳头用木梳或软毛刷，要低下头，以头顶为中心从上到下朝不同的方向刷。如果发现脱发或头发干燥有头屑的话，千万不要赶快使用油性洗发剂或去油，这样是不适宜的。应当检查自己的生理日程表，看看目前的生理状况。女孩子在来月经时或怀孕、生病时都会引起头发性质暂时的变化，还有间歇性的内分泌紊乱也会使发质出现失调现象。出现这种现象时可以适当减少梳头次数和洗头次数。

每个女孩都应该找到所喜欢的至少三种洗发剂。这三种洗发剂都应是适合自己发质的。因为老盯着一种洗发剂用是不好的，要三者轮换着用才比较好，比如准备三瓶不同牌子的洗发剂，一瓶放在办公室，另一瓶放在家里，还有一瓶放在一个固定的理发室，这样可调节发质的平衡。

2. 油性头发的护养

清洁最重要，三天洗一次头，使用柔和的洗发剂，但不可用高碱肥皂，会损伤头发，并有可能导致皮脂分泌增多。一定要把所用洗发剂清洗干净，清洗最后一遍时，在水里加一片苏打，会使头发柔软、温顺。市场上有供油性头发专用的洗发剂，泡沫丰富且含有硫黄或雪松等物质，可调节皮脂分泌，增强头发的韧性，杀灭皮脂分泌时出现的细菌。

长时间梳理头发可改善头皮血液循环，促使头发生长，洁净头发，也使发根多余的油性物均匀分布下去，直至发梢。可用密齿梳来梳理，但最好是硬毛刷子。刷子用后一定要清洗，烘干。

头发按摩一定要在清洁好以后，可不要以为揉搓头发就行了，那样会落发较多，而是要多活动头皮，以促进血液循环。正确的方法是：双手在头的上方交叉，用手心压住头发，同时朝不同方向转动，这时会感觉头皮在动。按摩时不要用手指的长指甲，而要用手指上有肉的部分。

3. 干性头发的护养

梳理次数可尽量减少，梳子和刷子尽量细软一些。一般不宜烫发，也不宜染发。湿发时不能梳头，否则会断发。

可以将植物叶瓣直接放入洗头水中，如：核桃叶、栗树叶、芦荟等。也可以将植物与蜂蜜调成糊状抹在头发上，戴上浴帽，包上热毛巾，1小时后用清水冲洗掉洗发剂。也可用橄榄油或蓖麻油滴在热毛巾上，擦在头发上，从发根至发尖用小毛刷细心刷过，轻轻按摩，让油渗入头皮。戴上浴帽，敷上热毛巾，1小时后用清水冲洗干净就好了。

4. 受损头发的护养

受损头发就选用弱酸性的洗涤剂，或标明专用于受损毛发的洗涤剂，大约每周洗2次。弱酸性的洗涤剂不会扩大毛孔，对恢复健康有好处。洗的水温千万不能过高，也不要在头发还是湿的时候就用梳子梳理。洗净后不要用电吹风吹干，而是用干毛巾轻轻拍干，也不可以使劲擦搓，要让头发自然风干。只要不是其他原因导致的问题，受损头发会慢慢恢复健康的。

三、头发的造型

一头修理得极美的发型，是一个人很重要的美丽资本，有时比一个美妙的身材还要惹眼。

发型的好坏至关重要，头发的造型方法通常有梳理、染色、假发三种。

1. 梳理（见图6.1～图6.4）

许多人常为选择适合自己的发型而烦恼，其实只要利用头发遮掩自己容貌上缺点，利用发型与容貌上突出的部位陪衬得不太显眼就行了。

女性发型的梳理一般分为直发类、卷发类和盘发类三大类别。

直发类的特点是线条流畅随意，基本上不做花。由于它大方洒脱，最能体现青春的自然美，适合于青年女性。常见的有偏分式、童花式、卷边式、长发式、超短式等。直发需要经常修剪。

卷发类的特点是花式多，显得成熟，是青年女性到中老年女性普遍喜爱的发型。卷发类大致可分为短卷发和长波浪2种。长波浪式卷大而发长，显得飘逸潇洒，是姑娘们喜爱的发式。

选择长波浪发式，要根据自己的发质、身材、脸型和年龄来决定，老年女性一般不适合梳长波浪发式，而较适宜梳短卷发式，这样显得利落、精神。

盘发类花样繁多，姿态万千，适应面广，是老、中、青年女性都可以梳理的发式。

图6.1 梳理步骤1　　　　　　　杨国志 摄

图6.2 梳理步骤2　　　　　　　杨国志 摄

图6.3 梳理步骤3　　　　　　　杨国志 摄

图6.4 梳理步骤4　　　　　　　杨国志 摄

2. 染色（见图6.5和图6.6）

皮肤颜色、头发颜色以及眼睛虹膜的颜色，取决于一种棕褐色的色素——黑色素。黑色素成分多，肤色和头发的颜色就深，如非洲的黑色人种。黑色素成分越少，肤色和头发的颜色也就越浅。中国人属于蒙古利亚人种，即黄种人，其黑色素含量介于白种人与黑种人之间，皮肤颜色是微黄色调，头发大多为深棕色或黑色。近几年来，随着东西文化的相互影响，审美已打破种族和地域间的传统模式，全世界的人们都开始流行染发风，中国人也加入了国际潮流，将头发改变色调，或加进一点颜色，可使沉闷的黑发有透气感、层次感、立体感，而更多的是时代感。

图6.5　　　　杨国志 摄

染发作为美化自己的一种方法可以收到一定的效果，但并不是每一个人都适合染发，因而在染发前要注意几点：

（1）染什么颜色、染在什么部位，全部染还是局部染，都要事先想好，设计好，如皮肤颜色深的人把头发染成浅棕色就不一定很理想。不要盲目追逐潮流，应该从自身条件出发来设计头发的颜色。

（2）不论染什么颜色的头发，如果有深浅的层次变化，要比单一的色彩好看。将头发染成深浅不一的层次，梳理出来的发型不仅生动、自然，而且在整体上富有立体的效果。

（3）如果头发的质地不太好，不要经常去染发，因为化学药水在褪去头发黑色素的同时，也会对头发的韧性、弹性、光泽产生一定的破坏作用。这样，会使本来就不理想的发质变得更加糟糕。

（4）烫过头发后不要马上去染发。因为在烫发时已经对发质造成了一定的伤害，马上染发会使头发变枯。

（5）注意头发、眉毛、胡子色彩的协调

图6.6　　　　杨国志 摄

性。淡黄色头发配上一双浓黑的眉毛，显得格外假；黑色的头发配上一双白眉毛也让人感到不伦不类。

3. 假　发

毛发做假自古有之，我国古代妇女的假发，千姿百态，样式繁多。

假发的使用一般比较简便，只要根据自己的脸型到市场上去买一个合适的假发套，往头上一戴就可以啦，很方便。

四、发型设计艺术理念

设计理念与操作技艺是发型艺术不可或缺的两个重要因素。

1. 发型设计的艺术原理

变化统一是发型设计艺术中最基本也是最重要的设计原理，它体现在发型设计的方方面面，无论是在空间构成方面，还是在色彩渲染方面。

（1）变化。变化是指发型设计中各因素之间的差异、矛盾、具体指头发的各部位的排列及色彩不同之处的变化，如形状的大小、方圆，线条的长短、曲折，头发色彩的明暗、浓淡、冷暖，不同发式的高低、正反等。变化的实质是为了使发型在构成上产生对比。变化的特点是生动活泼、丰富多彩。变化的因素归纳起来有：形的大与小、长与短、粗与细，色的浓与淡、冷与暖、明与暗，排列的高与低、正与反、疏与密。

（2）统一。统一是和变化相反的概念，是指各个发量之间的一致性。一致性是确定是否统一的关键，指发量形状与色彩在处理手法上的相同或相近。统一的实质是为了协调，就形而言有形与形相似，大圆和小圆、正圆和椭圆、正统和折线、波线和涡线；就色而言，有色彩的同种色，线度低的对比色等。形和色都要体现出统一与协调。

变化与统一相互依存，缺一不可，既是对立的，又是统一的。倾向于统一的发型，总有变化的因素存在。过分的统一会使发型呆板、平淡，过分的变化又会使发型显得杂乱无章。

2. 款式构成

发型款式的构成，是由基本发型和基本发态组合而成的。基本发型有5种：

（1）短发。下摆在下巴处上下，长些的可以在颈部，但不及肩。短发的变化主要在吹、烫，还有头路的变化，刘海的变化。

（2）极短发。下摆在耳垂以上的，就可看作极短发了。极短发的变化比短发多，因为极短发短的程度可以像一款男式发型，给人全然不同的印象。还由于极短发可以用烫、剪和削三种不同的发型手段，造型余地不小，而短发不会用到削。

（3）中长发。下摆落于肩下6.6～9.9cm，但不会留于肩上。中长发除烫卷吹整以外，还可以编辫，可以夹，变化很多。

（4）偏短中长发。下摆及肩。许多烫卷的造型往往以这类发型为例。还可以夹，可以扎，保留了女性味，梳理又方便。

（5）长发。是最富造型基础的发型。长发在中国流行了几千年，但并没有单调乏味的印象，而是异常地丰富多彩。长发可以编辫、可以绾、可以盘、可以挽髻、可以整、可以散、可以长、可以短、可以古典、可以现代，并可以和饰物花卉相配，是最有女性味的发型。

每一种基本型都有3种基本发态（详见图6.7）：

一是卷发。有些是天然的，但大部分的卷发是人为烫出来的。卷烫改变了头发原本的垂直状态，卷烫的弧度越大，头发就越蓬松。卷烫向外或者向内，对头发的内轮和外廓的变化很大。因为有这些变化，所以用卷发来改变脸型的例子很多，烫发有华丽感，比较西化，对脸型和头发外形及身型印象有造型作用。

二是吹发。可以根本改变头发原本的垂直状态，而变成横向的，甚至反方向的状态，对头发的固定性超过卷发。短发的吹发例子较多，吹发有简洁感，比较现代，造型变化多，易于整理。

三是直发。是最为自然的发态，很有人情味，表现了女性的柔和感。没有被定型的头发很容易随时改变发型，因此最配合女子变化的心理，也是非常能够适应变化着的装型和场合。直发最富女性味，东方意味很浓，适应性强。头发处于最自由的状态。

每一种发型发态的组合都可以变化出无数的款式。

图6.7

杨国志 绘

五、发型与头面部结构特征的关系

头发是人体的制高点，因此，发型设计离不开头面部的结构特征，与头面结构的比例关系密切。进行发型设计，必须把握发型与脸型、面部比例的结构关系。

1. 发型设计与脸型的关系（见图6.8）

人的脸型基本上分为：长形、方形、圆形、三角形、梨形和卵形等几个基本型。其中卵形是一个比较容易造型的基本型，因此在进行发型设计时，我们试图把所有的脸型创造成一种类似卵形的形象。例如：

（1）圆形脸。最宽的部位是脸的中心部分，圆脸通常带有一些柔软的曲线。所以在给圆形脸设计发型时，就要把圆脸的外轮廓线打破，在脸部最宽处创造一个不对称的视觉形象，掩盖圆脸的结构。

（2）方形脸。这样的脸型在外观上是方的，看起来结构很硬，缺少妩媚感，主要表现在额骨和下颏角向外凸出。这时发型设计思路是尽量造出一些发量来遮盖住脸的两侧，以求产生一种窄的视觉效果。

（3）三角形脸。脸的最宽处是在前额处，下巴处往里收缩，宽度最窄。通过加工下巴处的头发以使其视觉上变宽，同时加一个发量遮盖前额两边，以缩小其宽度。

（4）梨形脸。梨形脸的基本特点是最宽处在腭骨线，它与方形脸相似，但特征更加明显和突出。面对这样的脸型，发型设计是尽量在脸部周围塑造一个卵形效果，以求得一个卵形的视觉形象。同时脖子处的头发留有一个足够的长度，以减弱其腭骨线。

2. 发型设计与面部比例结构的关系

发型设计，需要具体情况具体对待，根据设计对象不同的面部结构，进行不同的别具匠心的设计，最大限度地遮掩或削弱其缺陷之处，尽量地突出其优秀特征。例如：

（1）高前额。全部或部分地用刘海遮掩掉。

（2）低前额。顶部的发量应少一些或者设计轻微的有动感的刘海。

（3）倾斜的前额。增加刘海的厚度，头发应该向前梳理，以充实前面的发量，使其丰满，以求平衡，掩盖倾斜的前额。

（4）间距大的眼睛。侧面的头发应遮住脸的边缘线，使其比例失去参照而平衡起来。

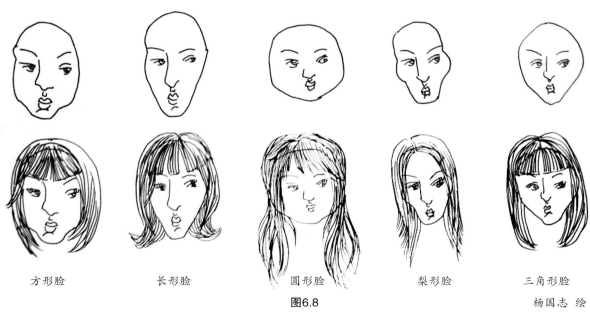

方形脸　　　　长形脸　　　　圆形脸　　　　梨形脸　　　　三角形脸

图6.8

杨国志　绘

（5）小而尖的下巴。头顶及侧面发型应低一些，侧面的发型应该接近脸，或长于下巴，以使下巴看起来宽一些。

（6）小鼻子。在发型设计时，整个发型应该适当地小一些，这样不至于因为发型太大而使鼻子看起来太小。

（7）大鼻子。在发型设计时，可以加一点刘海的发量，与鼻子在形上有一个均衡。

（8）招风耳。设计发型时，加一定发量使其遮住耳朵。

小嘴。发型的外轮廓应该由小到适中，以免因发量过大而使嘴显得更小。

六、发型与人体比例结构的关系（见图6.9、图6.10）

发型设计会因其种族、性别、年龄及个体不同，存在着很大的差异，形成了现实形象造型是局部与整体的关系，它对整个形象设计具有很强的从属性，因此，在进行发型设计创意时，必须考虑到这一因素，做到扬长避短，使设计对象美的特征更加突出，隐藏或掩盖其身体比例的缺陷之处，并依据其本身的条件创造出美的形式来。

每个人的身体比例造成了千变万化的个体特征，如短脖子、长脖子、宽肩膀、窄肩膀、溜肩膀、大胸围、大臀部、小臀部、高个子、矮个子、小身体结构、大身体结构等。不同的情况要有不同的处理方法。

（1）长脖子。头发长度应适当长一些，头后部位的设计应该适当宽一些。

（2）窄肩膀。头发长度适中，后设计线应该加宽一些，保持侧面的长度。

（3）长胳膊。头发的长度由适中至长。

（4）小胸围。小一些的发型轮廓，长度由短到适中。

（5）大臀部。发型轮廓由适中到丰满。

（6）小身体结构。发型轮廓由小到适中。

（7）大身体结构。发型轮廓由适中到丰满。

（8）高个子。头发的长度由适中到长。

图6.9 整体协调性搭配1　王嫦　绘

图6.10 整体协调性搭配2　王嫦　绘